"博雅大学堂·设计学专业规划教材"编委会

主　任

潘云鹤　（中国工程院原常务副院长，国务院学位委员会委员，中国工程院院士）

委　员

潘云鹤

谭　平　（中国艺术研究院副院长、教授、博士生导师，教育部设计学类专业教学指导委员会主任）

许　平　（中央美术学院教授、博士生导师，国务院学位委员会设计学学科评议组召集人）

潘鲁生　（山东工艺美术学院院长、教授、博士生导师，教育部设计学类专业教学指导委员会副主任）

宁　刚　（景德镇陶瓷大学校长、教授、博士生导师，国务院学位委员会设计学学科评议组成员）

何晓佑　（原南京艺术学院副院长、教授、博士生导师，教育部设计学类专业教学指导委员会副主任）

何人可　（湖南大学教授、博士生导师，教育部设计学类专业教学指导委员会副主任）

何　洁　（清华大学教授、博士生导师，教育部设计学类专业教学指导委员会副主任）

凌继尧　（东南大学教授、博士生导师，国务院学位委员会艺术学学科第5、6届评议组成员）

辛向阳　（原江南大学设计学院院长、教授、博士生导师）

潘长学　（武汉理工大学艺术与设计学院院长、教授、博士生导师）

执行主编

凌继尧

设计学专业规划教材　环境艺术设计系列

李岩　丰蕾　著

环境艺术设计手绘表现

Environmental
Design
Hand-Painted
Techniques

北京大学出版社
PEKING UNIVERSITY PRESS

图书在版编目（CIP）数据

环境艺术设计手绘表现 / 李岩，丰蕾著. — 北京 :北京大学出版社，2019. 1
（博雅大学堂·设计学专业规划教材）
ISBN 978-7-301-30138-8

Ⅰ.①环… Ⅱ.①李… ②丰… Ⅲ.①环境设计 – 高等学校 – 教材 Ⅳ.①TU-856

中国版本图书馆CIP数据核字(2018)第283932号

书　　　名	环境艺术设计手绘表现	
	HUANJING YISHU SHEJI SHOUHUI BIAOXIAN	
著作责任者	李岩 丰蕾 著	
责 任 编 辑	路倩 艾英	
标 准 书 号	ISBN 978-7-301-30138-8	
出 版 发 行	北京大学出版社	
地　　　址	北京市海淀区成府路205号　100871	
网　　　址	http://www.pup.cn　　新浪微博: @北京大学出版社	
电 子 信 箱	pkuwsz@126.com	
电　　　话	邮购部 010-62752015　发行部 010-62750672　编辑部 010-62755910	
印 刷 者	北京中科印刷有限公司	
经 销 者	新华书店	
	710毫米×1000毫米　16开本　11.75印张　206千字	
	2019年1月第1版　2019年1月第1次印刷	
定　　　价	76.00元	

目录
Contents

北京大学出版社在多年出版本科设计专业教材的基础上,决定编辑、出版"博雅大学堂·设计学专业规划教材"。这套丛书涵括设计基础/共同课、视觉传达设计、环境艺术设计、工业设计/产品设计、动漫设计/多媒体设计等子系列,目前列入出版计划的教材有70—80种。这是我国各家出版社中,迄今为止数量最多、品种最全的本科设计专业系列教材。经过深入的调查研究,北京大学出版社列出书目,委托我物色作者。

北京大学出版社的这项计划得到我国高等院校设计专业的领导和教师们的热烈响应,已有几十所高校参与这套教材的编写。其中,985大学16所:清华大学、浙江大学、上海交通大学、北京理工大学、北京师范大学、东南大学、中南大学、同济大学、山东大学、重庆大学、天津大学、中山大学、厦门大学、四川大学、华东师范大学、东北大学;此外,211大学有7所:南京理工大学、江南大学、上海大学、武汉理工大学、华南师范大学、暨南大学、湖南师范大学;艺术院校16所:南京艺术学院、山东艺术学院、广西艺术学院、云南艺术学院、吉林艺术学院、中央美术学院、中国美术学院、天津美术学院、西安美术学院、广州美术学院、鲁迅美术学院、湖北美术学院、四川美术学院、北京电影学院、山东工艺美术学院、景德镇陶瓷学院。在组稿的过程中,我得到一些艺术院校领导,如山东工艺美术学院院长潘鲁生、景德镇陶瓷学院副院长宁刚等的大力支持。

这套丛书的作者中,既有我国学养丰厚的老一辈专家,如我国工业设计的开拓者和引领者柳冠中,我国设计美学的权威理论家徐恒醇,他们两人早年都曾在德国访学;又有声誉日隆的新秀,如北京电影学院的葛竞。很多艺术院校的领导承担了丛书的写作任务,他们中有天津美术学院副院长郭振山、中央美术学院城市设计学院院长王中、北京理工大学软件学院院长丁刚毅、西安美术学院院长助理吴昊、山东工艺美术学院数字传媒学院院长顾群业、南京艺术学院工业设计学院院长李亦文、南京工业大学艺术设计学院院长赵慧宁、湖南工业大学包装设计艺术学院院长汪田明、昆明理工大学艺术设计学院院长许佳等。

除此之外，还有一些著名的博士生导师参与了这套丛书的写作，他们中有上海交通大学的周武忠、清华大学的周浩明、北京师范大学的肖永亮、同济大学的范圣玺、华东师范大学的顾平、上海大学的邹其昌、江西师范大学的卢世主等。作者们按照北京大学出版社制定的统一要求和体例进行写作，实力雄厚的作者队伍保障了这套丛书的学术质量。

2015年11月10日，习近平总书记在中央财经领导小组第十一次会议首提"着力加强供给侧结构性改革"。2016年1月29日，习近平总书记在中央政治局第三十次集体学习时将这项改革形容为"十三五"时期的一个发展战略重点，是"衣领子""牛鼻子"。根据我们的理解，供给侧结构性改革的内容之一，就是使产品更好地满足消费者的需求，在这方面，供给侧结构性改革与设计存在着高度的契合和关联。在供给侧结构性改革的视域下，在大众创业、万众创新的背景中，设计活动和设计教育大有可为。

祝愿这套丛书能够受到读者的欢迎，期待广大读者对这套丛书提出宝贵的意见。

凌继尧

2016年2月

P前言
reface

随着国际化程度的不断加深，市场竞争日益加剧，电脑效果图因表现效果逼真而大行其道。但是，用 Sketch up 和 Autodesk 3ds Max 等电脑软件绘制效果图耗时较长，并且在设计的后期，当客户有修改的需求时，操作起来比较麻烦。所以，用电脑软件绘制环境效果图仍存在着一些不便。

那么，手绘在场景表现方面的便捷性优势就显现出来了。当人们看惯了电脑效果图，审美水平不断提高，环境设计中内在的艺术成分被逐渐发掘出来。手绘表现图可以通过人手细致的描绘获得逼真和有震撼力的画面效果，也可以通过大体勾勒表达基本设计构思，而且后期便于进行修改和完善。

手绘表现能力的高低是评判设计师综合素质的标准之一，一些设计公司在用人时，很看重手绘表现能力。对景观设计师、建筑师、室内设计师来说，手绘表现是设计的基础。一位景观设计工作室的负责人提供给我了他们工作室的记薪方法：能完成基本工作的员工，如可用电脑软件做效果图，他的工资是每月2000元；会设计且能直接与客户沟通方案，并能通过手绘来表达效果的，每月加1000元；会创意的，每月再加1000元；会做策划、写文案的员工，工资加倍；能独立完成项目的员工，年薪加5万；能自己拿到项目并完成的员工，年薪会更多。由此可见综合型能用人才的重要性，具有手绘表现能力的设计师无疑在行业中有一定的专业优势。一幅精美而生动的手绘表现图是设计师设计能力与表现能力的体现，也是与客户沟通的基础。手绘效果图能用来表达基本的设计构思，很多同学已经意识到，没有过硬的手头功夫，就难有就业出路。

所以说，环境手绘表现是从事景观设计、建筑设计和室内设计的人员应具备的技能之一，也是环境设计公司招募设计人员和高校选拔人才的重要考核标准。

环境手绘图表现方面的书籍很多，但适合揣摩与临摹的并不多。从图书馆的国内外手绘图画集中可以感受到前辈们极其扎实的手绘表现功底，但那种很跳跃的线条不是学生通过短期的练习能掌握的，也不是学生练好功底的唯一范例。学生需要多看、多思考，然后再画。在这本教材中，我将自己在手绘表现方面的一些心得体会写了出来，从景观环境表现的角度对所需掌握的手绘知识进行了归纳，构成了一套简明的学习体系，并注重为手绘学习者建立一个有次序的、合理的学习计划，通过由浅入深的训练，明确手绘学习之路。本书各个章节之间既有联系又相互独立，读者可按顺序阅读，也可从某一章节开始阅读，或者依据自己的水平有选择地阅读。

日常的手绘训练多是为了打好基础，基础打不好，技巧也就无从说起。技巧的学习是一个循序渐进的过程，在大量的练习之后才有可能掌握。技巧需要在基础扎实的情况下应用，否则就是无源之水。练习时，不要局限自己，不要一开始就给自己框定一个所谓的风格，而应尝试临摹不同风格的手绘表现图。因为每张效果图中线条的表现和处理方式都是不一样的，学习者需要找到其形式上的特点，揣摩后从中吸收好的、适合自己的，并结合自己的手绘表现特点，形成个人独特风格。

练习时，画的线条歪一点儿或斜一点儿，问题都不严重，关键的是画面的整体效果。即使学习者有一定的美术基础，在最初开始画线练习时，也会出现各种各样的问题，这是正常的，不要失去信心。开始练习前，首先需要买一包B4打印纸（之后会讲到为什么选择这种规格的纸张）。然后，拿起画笔，找一个安静的地方，每天临摹一张好的手绘表现图，坚持几天，看看每张练习是否有不同，看看是否有长进。练习时要将每一张手绘图标记好时间，每过一段时间，都与之前的图比较一下，这样做记录也是为了鼓励自己不在中途放弃。画手绘图是有瓶颈期的，这时就要鼓励自己，不要只关注为什么最近一个月没有进步，而要在更长的时间里看进步程度，比如看看半年前自己画的手绘表现图，肯定是有进步的。坚持一年以后，学习者就会欣喜地发现自己的长进。练习的多了，量的积累够了，就会带来质的改变，手绘的表现能力就会提高。

有没有一张环境手绘图打动过你？有没有一种构图形式或颜色搭配让你爱不释手？手绘中的构图和色彩运用问题是否也困扰着你？怎样将环境元素单体进行整合，融入环境手绘表现图之中？怎样做到有效地参考与借鉴已有优秀作品，而不是简单地抄袭？这些环境手绘图学习中的常见问题，书中都有介绍。本书重点讲解了园林景观手绘图的表现技法，其主要特色为：

1. 本书是作者对园林景观设计手绘表现教学经验的总结，详细讲解了手绘练习的方法。不论是景观元素单体、景观小组合，还是场景的综合表现和设计平面图的绘制，都有过程图演示，并配有文字解释。

2．练习不能只是盲目地求多，而且要保证质量。从线练起，再到简单的单体元素，如植物、景观小品、置石。有了一定的手绘基础后，再过渡到小景组合和景观局部，如不同种类乔木的组合、植物中的灌木与置石的组合、石头与小水景的组合等，逐步尝试两种或以上不同质地的元素组合。最后是场景的表现，通过实践项目的着色练习将理论阐述与手绘实践相结合，力求在较短的时间内掌握园林景观手绘图表现的基本技法。具备一定的手绘能力后，就能把设计理念和想法通过手绘的方式表达出来，传达给客户，达到快速沟通的目的。

3．小场景的表现是直线练习的有效手段，同时有助于提高对透视的把握能力。透视准确是环境手绘表现图的重要保障，画面中的所有内容都应以合理的透视框架为基础，这是画面能够打动人的前提。对透视知识的掌握是手绘表现的学习重点，市面上与透视有关的书籍很多，但大多讲得很复杂，不容易理解。本书对透视知识进行了简化与归类，并详细描述了其绘制步骤，学习者一看就懂，能够比较快速地构筑起环境手绘图的基础透视框架。

4．充分利用业余时间，比集中花费一大块时间一直画要好。每天练练笔，画画创意草图，熟能生巧后，线条的表现就会越来越自由。书中提供了很多适合在零散时间练笔的图例。

5．详细讲解了照片转绘成手绘图的方法。经过挑选的景观实景照片图库，为景观手绘练习者提供了方便，可以不用出门选景拍照，直接用书中的照片练习。

6．实例解析部分以现代园林小景观表现图为例，讲解线稿的绘制步骤及使用不同上色工具获得的不同绘画效果，详细分析了使用水溶性彩色铅笔、水性马克笔、油性马克笔、水彩等工具上色的不同效果，并对比其优缺点。

7．介绍了用 Photoshop 电脑软件后期处理手绘表现图的具体方法。如一张手绘图中的某个部分表现得不好，可将手绘图扫描或拍照，用电脑软件后期处理不满意的部分，而不用重画整张图。

8．用快题做训练。同学之间要多交流，分享经验，学习别人的长处。

9．建立自己的环境手绘素材库。画一些比较复杂的人物、汽车，画不同角度的环境设计元素，扫描后在 Photoshop 里剪切处理好备用。建立素材库需要平时做大量的积累和准备工作，书中详细讲解了具体的方法。素材库准备好以后，再画环境手绘表现图时，就可以从中挑选合适的单体配景，用 Photoshop 合成到画面中，再打印输出。这样能大量节省出图时间，丰富画面的表现效果。

10．教学课件与图书内容相辅相成，知识体系完整。

11．为学习者提供了丰富的临摹资料，避免练不得法而无所成。大量优秀的环境手绘表现图，方便初学者欣赏和临摹。

12．细致讲解园林景观设计方面的理论知识。对理论知识的理解和掌握有利于学习者更好地把握环境手绘表现图的单体元素和整体环境。

本书主要是写给景观设计、建筑设计专业的学生及环境手绘图的初学者的，也会涉及一些室内环境手绘表现的内容。学习者对环境手绘表现方法有一个大体了解后，可以通过欣赏优秀作品提高品位并在临摹中增进手绘表现能力。本书的部分章节由大连民族大学的丰蕾老师编写。此外，还要特别感谢邓明老师，好友宫长鹤、王岳勋，兄长李学明提供了珍贵的手绘稿资料。学生董青青、李雯、李琦、王胜男、高菱悉、宋佳、姜哲坤、王冠雄、金科、石乐、王辰心、修德东、姜晓昆、高境梓、孙子琴、胡朝晖、乔佳仪、仲铭怡、李姗姗、李小璐、孙伟真、徐作鹏、文怀禛、张镇、孙志波、吕卓、翁志伟、黄晓坤、周春野、刘聪、吕阳参与了书中插图的绘制工作，在此对他们的付出表示由衷的感谢，谢谢大家对我的支持。

笔者初次尝试对环境手绘图表现技法进行总结，水平有限，难免存在疏漏与不足，希望广大读者不吝赐教。愿手绘学习者脚踏实地练好基本功，去探索属于自己的手绘表现语言。

李岩

2016 年 1 月于大连

第一章｜Chapter 1
环境设计手绘概述和色彩基础知识

第一节　环境手绘表现图在环境艺术设计中的作用

电脑制作的环境效果图已经盛行多年，手绘表现图变得越来越稀有，也越来越珍贵。手绘表现图有着它独特的艺术语言，并因为具有原创性而与众不同。

手绘表现图的绘制能开拓思维，是初学者培养空间思维能力和手绘表达能力的有效途径，有助于在设计时激发想象力，捕捉一闪而过的灵感，是记录和表达设计构思的一种手段。借助手绘表现能力可以将设计构思迅速地呈现在纸上，手绘表现图适合用于设计过程中反复推敲的阶段。比起电脑效果图的绘制，手绘表现图更加灵活自由，具有随时性和快捷性等特征，有时甚至优于电脑制作出的效果图，能更好地体现出设计的灵魂。

第二节　环境手绘表现图的类别

一、记录性的手绘表现图

一位园林建筑师这样描述速写:速写反映并记录了创作者对场地环境和区域特征的最初印象和相关联想。它们提供了地形、水力、城市形态等方面的信息，是项目背景和环境文脉的图像呈现，是很有价值的视觉笔记。

在学习环境艺术设计的过程中，可以用手绘图来记录生活中所见和所处环境，收集素材，为正式创作积累资料，这就是记录性的手绘表现图。

记录性的手绘表现图:中心处密集的线条成为画面的视觉中心,主要的记录内容是房屋,左侧灯笼和远处乔木只勾勒外形,做简化处理。

记录性的手绘表现图:近处和远处的植物使用了不同明度的绿色,画面进深感较强,是画者对场地环境有了最初印象后,根据直观感受画出的记录性手绘表现图。

记录性的手绘表现图:重点表现画面右侧,对落叶乔木下的剑麻做了较详细的描绘,通过表现图可看出植物的类型、冠幅、枝叶的繁茂程度、叶色以及人物的着装,反映出了季节特征。

记录性手绘表现图的题材是很丰富的,可刻画杂乱的环境。记录性表现图可以用来记录设计前场地情况,以便对比设计前、后的环境变化,使设计方案更有说服力。

记录性的手绘表现图:有透视变化的建筑速写练习,重点记录下层建筑。

记录性的手绘表现图:记录有特色的建筑。

更多记录性手绘表现图，请扫描二维码观看。

记录性的手绘表现图：重点记录建筑屋顶。

记录性的手绘表现图：图中的环境元素较多，重点在画纸左侧。远处山体是配景，通过山体逐渐消失的变化，加强了画面的进深感。

记录性的手绘表现图：屋顶、窗户的黑与墙体的白形成强烈对比。

二、设计构思草图

设计构思草图是设计人员开展工作前勾画的草稿。针对一块场地，设计者往往会勾画很多张设计草稿，但都不做细致表现，只求能表达设计的初步构思。

之后，设计师会对比这些草稿，分析推敲哪张更适合所处环境并能解决设计问题，有时也会拿给其他人看，随时随地将新想法加入构思草图中。设计构思草图有利于设计思维的展开，在不断完善草稿的过程中，可以逐步理顺设计思路。另外，构思草图对设计的定位也会起到积极的作用。在设计前期与甲方沟通的过程中，设计构思草稿是必不可少的工具。构思草图是设计的原点，每个好的创意都来源于它。设计师要在设计构思草图中表现出项目方案是如何组织设计的，交通路网流线是如何划分的，各种植物是如何配置的，等等。

设计构思草图

三、环境手绘效果图

环境手绘效果图是设计理念最直接的体现形式，它包括景观设计效果图、建筑效果图和室内设计效果图。手绘不仅可以对现有环境进行再现，还可以用来表现设计后的环境，这一表现的过程也就是设计师的设计过程。电脑制图员可以制作高水平的电脑效果图，但有一些部分是他们无法做到的，这时就需要设计师自己动手来完成。比如，在具有传统文化特色的园林景观设计项目中，设计师需要借助美术基础和绘图功底绘制手绘效果图，它特有的艺术魅力是电脑效果图表现不出来的。

第三节　色彩基础知识

一切有形的物体都离不开色彩，原始社会彩陶的色彩单纯质朴，西汉宗教壁画的色彩绚丽堂皇，隋唐宫廷绘画的色彩端庄典雅……然而，有关色彩的研究是从

1666 年牛顿揭开光色之谜才开始的。在剑桥大学的实验室里，牛顿通过三棱镜将阳光分解成红、橙、黄、绿、蓝、靛、紫等各种色光，奠定了色彩研究的基础。色彩研究发展到今天，体系已经相对成熟。

一、色彩的基本概念

在日常生活中，我们看一个事物，首先感受到的是它的颜色，其次是形状、空间位置，最后是触觉等细节信息。所以，一张彩色的环境手绘表现图能更生动地反映场景特征。

色彩是色光在视网膜上所引起的一切色觉，分无彩色和有彩色两大类。无彩色指白、黑、灰三色，它们分别是物体对日光中各种色光全部反射、全部吸收及等量部分反射时所呈现的颜色。除黑、白、灰之外的其他所有颜色均属于有彩色，任何一种有彩色都可以通过色相、明度和饱和度三个基本属性来描述。

1. 色相

色相（hue）指色彩的相貌，是色与色相互区别的最基本特征。可见光谱不同波长的辐射在视觉上表现为不同的色相，即色相由光的波长决定。色彩主波长相同，色相相同；主波长不同，色相不同。如红色的色感是 700mm 的主波长反射的结果，在此红色中加入不同量的白或黑，可得到明暗不同的红色，但这些色彩仍然属于一个色相，因为主波长没变。

色相的种类是无限多的，但一般人眼可以分辨的色相只有 130 多种。

2. 明度

明度（value）指人眼所感受到的色彩的明暗程度。物体色彩中白色成分越多，反射率越高，明度就越高；反之，黑色成分越多，反射率越低，明度就越低。色相相同时，明度有差别，色彩也会不同，如绿色就可以分为草绿、翠绿、橄榄绿等。利用色彩的明暗差异，可以使画面层次更加丰富，具有立体感。

人们可以比较准确地感知到颜色的明暗对比。根据研究，人眼能分辨的明暗层次的数目在 600 种左右。

3. 饱和度

饱和度（chroma 或 saturation）也称彩度，指色彩的鲜艳程度。饱和度越高，色彩越艳；反之，饱和度越低，色彩越浊。以红色为例，有鲜艳无杂质的大红，也有较淡薄的桃红，它们色相相同，但饱和度不同。

上述的色彩三属性相互独立，但不能单独存在。两个不同的色彩，至少有一个属性不相同；只有三个属性全部相同，才是完全相同的色彩。

4. 原色

原色也称基色，纯度最高。三原色可以调配出绝大多数色彩，而其他颜色不能调配出三原色。在实际的色彩运用中，原色用到的频次较少，两种或是更多种色彩混合而成的复合色较常见。三原色可分为光的三原色和颜料的三原色。

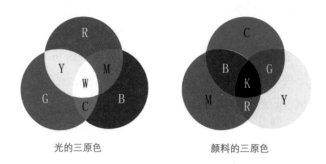

光的三原色　　　　　　　　颜料的三原色

二、色彩与人的生理感知

1. 视觉混色

视觉混色分时间混色和空间混色。当两种不同的色光先后刺激视网膜时，由于间隔时间短，视网膜分不出刺激的先后，于是产生了一种总体的刺激知觉，这就是视觉的时间混色。视网膜在某一极小范围无法分辨两种色光，只能产生总体的刺激知觉，但当视觉距离增大到一定范围时，将很多小面积色块放置在一起，人眼所感知的色彩将是这些不同色彩的混合色，这就是视觉上的空间混色效应。

以陀螺为例，在陀螺面上贴大红、湖蓝两色后，将其快速旋转起来，这时看到的颜色是紫色，这是大红和湖蓝两种颜色在人眼的视觉反应时间内频繁作用于视网膜所产生的视觉混色效应。在设计中，使观赏者与观赏对象之间的距离增大到一定程度时，就会产生景物色彩混合的现象，形成特殊的色彩效果体验。

视觉混色效果是把双刃剑，有积极的作用，也有消极的影响。在对设计的色彩进行规划时，要善于利用视觉的混色效应，通过合理的搭配，制造出想要的颜色效果。

2. 视觉阈值

两种刺激的差别必须达到一定量，人眼才能区分其异同，此定量就叫作阈值。人眼无法辨别出速度过快、面积过小、距离过远的物体，如当人眼与观察目标的距离越来越远时，其色彩的属性会逐渐模糊，最后消隐成中性的浅灰色。

视觉阈值限定了环境色彩的距离，为近景、中景和远景的色彩效果提供了依据。设计师可以利用视觉阈值的原理营造出富于层次变化的空间效果。

3. 视觉残像

视觉残像也称作视觉后像或视觉暂留。当外界物体长时间持续的视觉刺激停止后，在视网膜上的色彩景象不会马上消失，而是会留下印象。此时，将目光转移到其他对象上，眼睛会自动产生相应的补色来进行平衡，视觉残像图片正是应用了这一原理。

视觉残像原理应用在环境设计中，能起到调节视觉平衡的重要作用。需要注意的是，在大面积使用一种颜色时，要安排适当面积的补色，这样才能达到视觉平衡。如景观设计一般是以绿色为基调色，但只看绿色，眼睛会觉得疲劳，并感到缺少点什么，这时可以安排适当面积的红色，使视觉达到平衡。

三、色彩与人的心理感知

色彩作为一种物理现象，本身没有性格，但人们却能感受到不同色彩所具有的不同情感特征。这是因为人们长期生活在色彩世界中，积累了大量的视觉经验，一旦这些经验与外来的色彩刺激产生呼应，就会引发某种心理联想，这种心理反应就是色彩心理。

1. 色彩的温度感觉

色彩的温度感是物理光带给人的心理感觉，不是指物理上的真实温度。温度感主要是由色相决定的，虽然明度也会对其产生影响，但作用很小。波长较长的橙色系色彩如红、橙等，会让人联想到火、太阳或灼热的金属，从而产生暖和感，被称为暖色系；波长短的色彩如青、蓝等，会使人联想到水、蓝天或树荫，引发寒冷的感觉，因此青色系被称为冷色系。

相对于上述的冷色和暖色，绿、紫、黑、白、灰等被称为中性色。绿色在温度感觉上居于冷、暖之间，温度感适中，是公路绿地景观中的主要色相。在设计中充分利用各种色相与绿色进行组合，可营造不同的冷暖效果。

冷、暖色除了给人温度上的不同感觉外，还会引发其他联想。冷色调使人感觉深远、透明、冷静，而暖色则使人感觉迫近、浓密、兴奋。在环境设计中应利用色彩的这种特性，灵活掌控不同的色调。如严寒地带宜多用暖色调色彩的组合，使人感觉温暖；而热带则宜多用冷色调的色彩组合，使人感觉凉爽；春秋宜多用暖色花卉，而夏季宜多用冷色花卉。

2. 色彩的距离感觉

由于空气透视的关系，暖色让人感觉近，冷色让人感觉远。明度和饱和度高的色彩给人前进、膨胀感，明度和饱和度低的色彩给人后退、收缩感。

利用植物色彩的明度和饱和度营造空间的深远感。以深绿色的常绿树为背景，前景的小灌木和花卉颜色则较之背景色要暖，明度和饱和度也要高一些，从而营造出深远的空间效果。

在环境设计中，可利用冷暖、明度、饱和度的不同特征建构色彩的层次关系，营造色彩的空间感。如果背景是冷色调，前景可以考虑采用较暖的色调；如果背景色明度较低，前景可以选择明度较高的颜色；如果背景色饱和度不高，可以尝试提高前景色的饱和度，形成对比。

3. 色彩的运动感觉

橙色系产生的运动感强烈，青色系产生的运动感较弱。同一色相的颜色，明度高的运动感强，明度低的运动感弱；饱和度高的运动感强，饱和度低的运动感弱。互为补色的两个色相组合在一起时，运动感最强烈。

在环境设计中，文娱场地宜用运动感强的色彩组合，而安静的休息处和医疗地段则宜用运动感弱的色彩组合。

4. 色彩的面积感觉

彩度与明度高的色彩，如橙色系，运动感强烈，在主观感受上给人面积扩张的错觉。而彩度与明度低的色彩，如青色系，运动感弱，在主观感受上给人面积缩小的错觉。互为补色的两个饱和色相组合在一起时，在视觉上，两种颜色的面积都会扩大一些。

借助色彩的这种属性，可在环境设计中将较小面积的场地营造出较大空间的效果，反之，也可以通过色彩的调节使空间收缩。

5. 色彩的轻重感觉

决定色彩轻重感的主要因素是明度，明度高的色彩给人轻的感觉，明度低的色彩则给人重的感觉。另外，暖色系会给人轻的感觉，而冷色系则往往给人重的感觉。物体的材质不同，给人的轻重感也会不同。同一材质的物体，如果色彩不同，给人的轻重感也会不同。因此，我们可以充分利用不同的材质和色彩带给人的不同的轻重感进行设计。

物体的轻重感

物体	重量感
金属	乌黑的铁给人笨重的感觉，亮金属给人的感觉稍轻
石材	暗灰色的石材给人重的感觉，明灰色石材感觉稍轻
木	暖灰色给人轻，可浮于水面的感觉
雨水	无色透明，感觉很轻
雪花	白色给人轻如鸿毛，能乘风飞舞的感觉

6. 色彩的软硬感、质地感、透明感、湿度感

色彩的软硬感与轻重感关系密切。一般情况下，"轻"的颜色会给人柔软、膨胀的感觉，而"重"的颜色给人坚硬、收缩的感觉。明度低、彩度高的物体，有粗糙、质朴感；明度高、彩度低的物体，有细腻、丰润感。冷色的透明感强，让人感觉湿润，而暖色的透明感弱，让人感觉干燥。

色彩带给观者的不同感觉与环境设计中选用的材料有关。色彩与材料等因素的组合方式影响着人们对铺地、植物组合、景观小品等的设计感受。不同轻重、软硬和质感的景观元素组合在一起，构成了环境给人的整体感觉，在设色时应综合考虑这些因素。不同的色彩和材料组合在一起，可以为景观设计营造出丰富的视觉效果。

四、色彩的联想与象征

联想分具象联想、抽象联想、共感联想三种情况。

色彩的具象联想是指因色彩的刺激而联想到某些具体事物。比如，蓝色使人

联想到大海,红色使人联想到火焰,橙黄色使人联想到阳光,白色使人联想到云朵等。

色彩的抽象联想是指色彩所引发的情感和意象。比如,蓝色使人联想到博大、智慧,红色使人联想到现代、热情或危险,橙黄色使人联想到温情、积极,白色使人联想到圣洁、和平等。

共感联想是指人们已有的色彩视觉经验与外来色彩刺激产生共鸣,引导出其他的感觉,左右人们的情绪。如黑色会引导出恐怖、苦闷的嘶哑声等色听联想,浊红色会引导出噪声、低沉的嗡嗡声等色听共感联想。爱德华·蒙克的《呐喊》便利用了色彩的共感联想,表现出了人被焦虑侵扰的状态,红色的背景源于火山爆发,火山灰把天空染红了,黑色的路面延伸到远方。

色彩联想因个人经历、宗教、地区、民族的不同而有所差异。如在大多数国家象征纯洁的白色,在摩洛哥人眼中意味着贫穷;在中国代表蓬勃向上的红色,在美国股市中代表下跌。因此,设计师既要了解人们对色彩所共有的基本联想,也要了解不同城市和地域的特殊色彩心理和文化,这样才能做到色彩设计的地域化、合理化。

秦皇岛汤河公园的设计就利用了色彩的联想作用。设计师俞孔坚根据与周围农民沟通得到的信息,在公园中设计了一条红色的飘带,以诠释当地百姓对城市生活的向往,使公园变得温暖而亲切。

五、色彩对景观设计的影响

色彩的设计原则与形式美的原则大体相同,即追求统一、变化、均衡、对比、和谐等。一个色彩设计优秀的作品,必然是在色彩关系上体现出了对比与协调的原则。色彩的协调与对比从表面上看是相反的,但实际上是色彩关系中辩证的两个方面,是从不同角度对同一目的的追求。

1. 色彩对比原则

对比是环境色彩设计的重要手段之一。根据色彩的三要素,可将色彩对比分为色相对比、明度对比与饱和度对比三类。

① 色相对比

色相对比是指由于色相差别而形成的色彩对比现象,对比度的强弱取决于色彩在色环上所处位置的距离。根据距离的大小,可将色相对比分为互补色对比、类似色对比和邻近色对比。

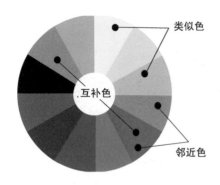

色相对比圆环

互补色对比的两种色彩分别处在色相环0°与180°的位置上，即处在色相环直径两端的位置上。互补色对比最富有视觉冲击力，具有饱满、活跃、紧张的特性，往往表现出一种原始、粗犷的美，且对比会使互补色双方的色相更加鲜明。许多人认为，互补色对比是最具美感的配色方式。如果运用得当，满足了人眼的视觉平衡需求，会让人感到舒适。但如果运用不好，会导致过分刺激而给人造成不舒适感。户外环境设计中使用的红色和绿色的对比，是典型的互补色对比，如挺拔的绿色乔木与鲜艳的红色灌木搭配，可烘托出强烈的色彩氛围。

类似色对比是指在色相环0°与90°左右的位置上的两种色彩所呈现的色彩对比效果，是明度、纯度稍微不同的同一色相的两种色彩的对比。类似色对比可营造和谐统一的色彩气氛，给人柔和、高雅、朴实、稳重的视觉效果。但因色相间缺乏差异，可辨别性弱，也容易给人造成单调、无力、形象模糊的印象。类似色对比也是设计师营造环境色彩效果时常用的一种配色手段，比如在户外环境设计中利用翠绿、中绿和橄榄绿的类似色对比可得到统一协调的色彩效果。

邻近色对比指两种色彩分别处于色相环0°与60°左右的位置上所呈现的色彩对比效果。这两种色彩相互毗邻，既有差异，又有联系。如黄色与绿色的对比，两种颜色中都有黄色因素，不同的是黄中无蓝，而绿中有蓝。邻近色对比较活泼，也较单纯、柔和，能形成整体上既有变化又很统一的色彩效果，具有丰富的情感表现力。

② 明度对比

明度对比即色彩明暗程度的对比，它是决定色彩感觉明快、清晰、沉闷、柔和、强烈、朦胧与否的关键。

根据不同明度的色彩在画面中所占比重的不同，可将手绘图分为高明度基调、中明度基调与低明度基调三类。高明度基调即高明度色彩在画面中占到70%以上。中明度基调即中明度色彩在画面中占到70%以上。低明度基调即低明度色彩在画面中占到70%以上。设计师可通过不同的明度对比，营造空间的层次感和体积感。

高明度基调的画面明暗反差大，给人刺激、明亮、积极、愉快、清晰、活泼、柔和、女性化的感受，在公路绿地景观的设计中运用广泛。尤其是在小场地景观设计中，运用高明度基调，可为单调的环境色彩增加亮点。

中明度基调的画面让人感觉朴素、含蓄、男性化、稳重中显生动。此种明度基调比较容易控制，在景观设计中应用广泛，但有时会因给人感觉中庸而显得缺乏个性。

金色维也纳小区入口的景观。高明度的柠檬黄花卉、明灰色的形象墙与低明度的绿色低矮植物搭配，形成了画面的中明度基调。

低明度基调给人雄伟、深沉、保守、神秘的感觉，用于景观设计中会产生沉闷、忧郁的气氛，所以应慎用，一般在一些小面积场地运用。

③ 饱和度对比

两种或两种以上的色彩组合在一起时，由于饱和度不同而形成的色彩对比称为饱和度对比。饱和度对比是决定画面色调华丽、高雅、古朴、粗俗、含蓄与否的关键。其类型划分方法与明度对比大致相同，可分为高纯度基调、中纯度基调与低纯度基调三类。

高纯度基调的画面给人鲜艳、生动、热闹、华丽、强烈、刺激的感觉，如果运用得当，能使景观效果具有个性色彩，令人过目难忘；如果运用不当，则会让人感觉刺眼、俗气、幼稚，所以要慎用。

中纯度基调让人感觉温和、舒适，是景观色彩设计中常用的纯度基调。这主要是因为景观中色彩的物质载体如石材、木材等大多属于中纯度或低纯度基调，而高纯度基调一般是通过给小品喷漆达到的。

低纯度基调给人沉静、细腻、含蓄、简洁的感觉，是公路绿地景观色彩设计中普遍使用的基调。但低纯度基调容易让人感到单调、呆板，所以在设计时，可在其中加入适量的高纯度色彩，在空间上形成多层次的纯度对比。

此外，黑、灰、白三色的纯度均为零，给人大方、庄重、高雅、朴素的感觉。

④ 面积对比

色彩的色相对比、明度对比、饱和度对比是最基本的色彩对比，此外还存在色彩的面积对比、冷暖对比等，但归根到底，这些对比都是由上面的三种基本对比产生的。

形态作为视觉色彩的载体，总有一定的面积，因此，面积也是色彩不可缺少的特性。景观色彩设计中常出现色彩选择恰当，但面积、位置控制不当而导致色彩失衡的情况。所以，设计人员应综合考虑以上各种对比，创造出适宜的景观色彩构图。

⑤ 有彩色与无彩色对比

有研究表明，背景—字色的组合的可辨识程度由高到低排列如下：黄—黑、白—绿、白—红、白—青、白—黑、黑—红、红—白、绿—白、黑—白。在进行标识牌、指示牌等的色彩设计时，应根据设计目的不同，使用合适的色彩组合，如最需要提示的地方可用黄—黑的组合，相对不那么重要的地方可用黑—白的组合。

2. 色彩刺激调和方法

色彩的美感能提供给人精神享受，人们按照喜好与习惯选择自己乐于接受的色彩，以满足精神和心理方面的需求。

狭义的色彩刺激调和是指建构不带尖锐刺激感的色彩组合，要求突显出色彩在视觉上令人感觉舒适的一面。需注意，过分调和的色彩组合，视觉效果会显得模糊、平板、单调、乏味、可辨别度差，看多了易使人厌烦、疲劳。

色相环上大角度色相对比的配色类型对人眼的刺激强烈，易产生过分炫目的效果，从而引起视觉疲劳，使人心理失去平衡而感到紧张、不安，情绪无法稳定。因此，在很多环境中，为了改善色彩对比过于强烈而造成的不和谐局面，达到一种广义的色彩调和状态，即色调既鲜艳夺目、对比强烈、生机勃勃，而又不过于刺激、尖锐、眩目，就必须运用色彩刺激调和的手法。

① 面积法

将色相对比强烈的双方面积反差拉大，使一方处于绝对优势的大面积状态，形成其稳定的主导地位，另一方则为小面积的从属性质。如以大森林为背景的漆红建筑物，就是"万绿丛中的一点红"。

② 间隔法

在色相对比强烈的各高饱和度颜色之间嵌入分离色彩的金、银、黑、白、灰等颜色的线条或块面，可起到调节色彩强度的作用，使色彩间形成过渡，从而产生新的色彩效果。

在组织饱和度低的色彩时，为了弥补因色彩间色相、明度、饱和度三要素对比过小而产生的软弱、模糊感觉，也常采用此法。如浅灰绿、浅蓝灰、浅咖啡等较接近的色彩组合在一起时，用深灰色线条做勾勒阻隔处理，能使描绘对象形体轮廓分明、形态清晰，更有生气。

③ 统调法

当多种对比强烈的色彩进行组合时，常通过加入某个共同要素而使全部色彩统一在同一个色调下，这一方法被称为色彩统调法，其一般分为三种类型：

色相统调，即组合的众多色彩中都含有某一共同的色相，从而使色彩组合的效果既有对比又显调和。如黄绿、橙、黄橙、黄等色彩的组合中，由黄色相统调。

明度统调，即组合的众多色彩中都含有白色，以求得整体色调在明度方面的和谐。如粉绿、粉红、天蓝、浅灰等色的组合，由白色统一成了明快、柔和的粉彩色调。

饱和度统调，即组合的众多色彩中同时都含有灰色，以求得整体色调在饱和度方面的和谐。如灰蓝、灰绿、灰红、灰紫、灰等色彩的组合，由灰色统一成雅致、细腻、含蓄的灰色调。

④ 削弱法

削弱法是指在色相对比强烈的色彩组合中，通过调整各个色彩的明度及饱和度，减少因对比强烈而造成的视觉上的生硬、刺激感，减弱色彩间的冲突，增强画面的调和感。比如大红与翠绿的组合，因色相对比大，明度、饱和度反差小，给人烦躁、不安感，若改变其明度与饱和度，情况会有所改观。大红＋白＝粉红、翠绿＋黑＝墨绿，这样的色彩组合好比红花绿叶的牡丹，感觉自然生动了许多。

⑤ 综合法

综合法即将以上方法中的两种以上综合使用。如黄色与紫色组合时，减少黄色面积，扩大紫色面积。同时，在黄色中调入白色，紫色中混入灰色，形成淡黄与灰紫的组合。这样综合运用面积法和削弱法可以得到既有力又调和的色彩组合效果。

3. 视觉生理平衡与色彩

研究表明，色彩构成只有满足视觉生理平衡才能给人优美、和谐的感受。色彩的视觉平衡是指人眼需要在色彩组合中看到中间灰色的部分，而互补色的混合能够自动生成中间灰色，也就是说人眼需要看到全色相。约翰·伊顿（Johannes Itten）对此理论做过如下论述："眼睛对任何一种特定的色彩同时要求它相对的补色，如这种补色没出现，眼睛会自动地将它产生出来。互补色的规则是视觉布局的基础，因为遵守这种规则会在视觉中建立一种精确的平衡。"任何色彩设计都要遵守此规则，景观色彩设计也不例外。在运用色彩的对比和刺激调和方法时，一定要同时考虑到补色的视觉生理平衡原则，只有这样才能形成理想的色彩构图。此外，由于互补色组合很容易对视觉造成过度的刺激，所以还需通过组织设色面积、调和色相、降低明度与饱和度等方法消除这种感受。

六、色彩在环境中发挥的作用

马克思说："色彩的感觉是一般美感中最大众化的形式。"人类对色彩的热爱由来已久，这在由古至今的造物活动中有充分的体现。在现代社会中，色彩的作用日益增强，它就像具有磁力一样，在人的心理和生理方面制造着各种各样的影响，渗透进了人类生活的方方面面。

在环境设计领域，色彩同样发挥着重要作用，比如公路景观中的色彩应用就需要随季节和时间变化。我们可将色彩在室外环境设计中的作用简单概括如下：

1. 生理、心理的作用

长期以来，由于认知的差异，不同色彩在人们的生理和心理方面产生着不同的影响。例如，当人们看到红、橙、黄色时，在心理上会联想到给人温暖的火光及阳光，因此，红、黄、橙色被定义为暖色。生理上，由于这几种色光的波长比较长，有扩张及扩散感，迫近人的视线，因此，在视觉上有拉近距离的作用。而当人们看到蓝、青色时，在心理上会联想到大海、冰川的寒意，因此，这几种颜色被定义为冷色。生理上，冷色波长较短，会产生视觉上的后退感和收缩感。

不同色彩会引发不同的心理反应，或兴奋，或愉快，或压抑。因此，进行景观色彩设计时，必须考虑到人们心理及生理上的色彩感受，利用色彩为人服务。

色彩特征与形式心理

序号	颜色	色彩心理	公路两侧绿地的色彩特征
1	蓝、绿、灰、白	轻松感	舒适的温度、柔和的光线、清脆的鸟叫声，共同构成了一幅色彩宁静的画卷。
2	深红、鲜红、橘黄	自由感	强烈的原色能够激活人的情绪。
3	蓝绿、绿、青紫、白	敬畏感	气氛庄重，气势宏大。
4	冷蓝、寒绿	恐惧、被拘禁感	易使人激动、惊骇、战栗、奇异，暗示恐惧、痛苦、黑暗、朦胧、震撼。
5	混杂的色彩	烦恼、紧张感	不适的温度，粗糙、颤抖、炫目的光线让眼睛无休息的地方，使人感到不安全、喧嚣和冲突。

2. 保健、康复的作用

色彩除了会对人产生一定的生理、心理作用外，若正确使用，它还能像"药"一样调整和改善人的肌体功能，起到医疗保健和辅助康复的作用。下面根据相关研究，举例说明一些色彩的保健、康复功能。

红色:刺激神经系统，使其兴奋，给人朝气蓬勃、充满生机与活力的感觉，有助于增加肾上腺素分泌，增强血液循环，增进食欲。但红色也有负面的作用，如易引起情绪急躁、心率加快。经研究发现，在红色布景的房间里，人的心跳每分钟会加快 20 次左右，同时伴随血压升高，这对心脏病人不利。

橙色:激发活力、诱发食欲，有利于钙的吸收，有助于恢复和保持健康。

黄色:最令人愉快的颜色，被认为是知识和光明的象征，使人感到温暖、轻快、镇定，有助于集中注意力。黄色可以刺激神经系统、改善大脑功能，令人思维敏捷。如古代寺庙的墙壁常涂成黄色，使人容易入定;幼儿园的墙涂成以黄色为基调的色彩，可增进幼儿活动。

金黄色:刺激神经和消化系统，加强逻辑思维。

绿色:有助于克服昏厥、疲劳和消极情绪。经研究发现，人处于绿色的氛围中时，皮肤温度可降低 1℃—2.2℃，脉搏平均每分钟减少 4—8 次，血液流速减缓，心脏负担减轻，呼吸平缓而均匀。绿色对人的视觉神经也最为友善，它是草木的生命色，能使人产生凉爽、清新之感，联想到生命的活力，有振奋人心的功效。因此，绿色是进行视觉调节和布置休息环境最为理想的颜色。

蓝色：使人感到优雅宁静，有助于减慢心率，降低脉搏、血压及婴儿体内胆红素，缓解呼吸系统的病痛，调节体内平衡。美国研究者曾用蓝光浴对 3 万名患黄疸的新生儿进行治疗，取得了良好的效果。浅蓝色有助于人们消除大脑疲劳、恢复全身精力。把医院的墙壁涂成淡蓝色，有利于病人安心静养，尽快康复。

靛蓝色：可调整肌肉状态，有助于降低身体对疼痛的敏感程度。

紫色：代表柔和、智慧、退让和沉思。紫色是女性化的色彩，能使孕妇获得安慰，消除紧张情绪，还有助于开发智力。据报道，俄罗斯研究人员把一些学校的白色灯泡换成紫色灯泡，以帮助开发学生智力。紫色还给人宁静的感觉，它能使人镇定并引发幻想，对大脑疾病及精神紊乱的治疗很有帮助。

粉红色：纯洁、优雅、安静，使人肌肉放松，易引发对美好过去的回味，有助于抑制愤怒，减慢心率，恢复镇定。

赭色：有助于升高血压，增强心肌收缩功能。

咖啡色：象征含蓄、坚定，有助于调整人的心理平衡。

棕色：促进细胞的增长，有助于手术后的病人更快康复。

黑色：给人沉稳、肃穆之感，但易使人疲劳。

白色：让人感觉安全，利于静心休养，可镇定烦躁情绪。白色象征真理、光芒、纯洁和快乐，给人明快、清新的感觉。有研究者认为，白色能促使高血压患者的血压下降。

相关研究表明，一些疾病在很大程度上是由于人体内色谱失衡或缺少对某种颜色的感知造成的。人体内有 7 种腺体中心，分布在脊柱的不同部位。不同的颜色会产生不同波长的电磁波，它们被视觉神经感知并传递给大脑，促使不同部位的腺体分泌激素，从而影响人的心理与肌体，起到医疗的作用。

3. 识别的作用

以秦皇岛汤河公园的红飘带（即公园中的巨型红色休息长椅）为例，耀眼的红色与大自然的绿色形成了极大的反差。同时，红色也是非常能代表中国文化内涵的颜色。蓬勃向上的红色给人视觉上的刺激，符合人们追求现代、喜庆的心理诉求。因此，这个红飘带成了该公园的标识。色彩识别功能的运用不仅在室外环境设计中十分重要，在室内环境设计中也常会涉及。

4. 文化的作用

色彩的文化作用主要是指由色彩联想引发的文化象征意义。人们对色彩的喜好不是随机的，而是受民族、地域、宗教、民俗习惯、年龄、性别、背景等因素影响的。在塑造环境时，要尊重使用者的行为习惯与个性，努力营造具有一定民族、地域、宗教特性的环境形式，而色彩在其中发挥的作用是值得认真研究的。我国有56个民族，各民族偏爱的色彩有很大差异。如汉族喜欢绿色、蓝色、白色、金色；蒙古族由于在蓝天绿草、牛羊环绕、骏马奔腾的环境中过着游牧生活，喜欢蓝色、绿色、杏黄色和白色；藏族在牦牛成群的雪域高原生活，因而喜欢白色、红褐色、绿色和金色。

5. 美感的作用

产生视觉上的美感是色彩作为一种造型语言在环境设计中发挥的最重要的作用。合理布局环境构成元素，如地面、植物、小品、标识牌等的色彩，可形成视觉上的对比与协调效果，营造独具特色的空间气氛，最终呈现出优美的景观设计作品。

第二章｜Chapter 2
绘图工具与材料

第一节　绘图工具

一、铅笔

1. 分类

画设计初稿时，需先用铅笔，再用针管笔。铅笔分木杆石墨铅笔和自动铅笔两种。一般以字母"B"和"H"作为软硬程度的标记。木杆石墨铅笔分 6B、5B、4B、3B、2B、B、HB、H、2H、3H、4H、5H、6H 等多个硬度等级，B 字母前面的数字越大，笔尖越软；H 字母前面的数字越大，笔尖越硬；HB 表示软硬适中。此外，还有 7B、8B、9B 三个等级的软质铅笔，可以满足绘画者的特殊需要。通常情况下，画快速表现图适合使用软度高的铅笔，画精细的表现效果图适合使用有一定硬度的铅笔。尽管铅笔的型号众多，但在手绘练习中往往使用两支就能满足画面表现的基本需要。在绘制手绘表现图的大体框架时，2B 铅笔是必备的，若使用 6B 等较软的铅笔，线条颜色过深，容易使画面模糊变脏；而使用 6H 等较硬的铅笔，线条太淡难以看清，坚硬的笔尖还会在画纸上留下难以擦除的划痕。

自动铅笔的铅芯除了有软硬度的差别，其粗细还可分为 0.3、0.5、0.7 三个型号，0.3 的铅芯并不常见，一般是外国产的。自动铅笔的优点是能保持笔尖部分一直很细的状态，适合勾画细节。购买自动铅笔时，不一定要选择昂贵的百元左右一支的进口自动铅笔，笔尖牢固的国产自动铅笔就可以。国产品牌 0.5 的自动铅笔，较贵的也就十元一支，很好用。购买自动铅笔时，要仔细检查笔尖与包裹它的笔杆之间的连接处是否牢固无缝隙，是否晃动。通常的绘制，建议选用 2B 的自动铅芯，这种型号的铅芯软硬适中，不会划伤绘图纸；画出的线条深浅也适中，既能看清又容易被擦除。一般两元一盒的自动铅芯盒里面有很多根铅芯，可以使用很久。好的自动铅芯不易断，能轻松地画出流畅的线条。绘制比较精细的环境手绘表现图时，一定要用自动铅笔起线稿，有了详细的铅笔底稿就可以在此基础上放开画了。

2. 铅笔手绘表现技法

铅笔是最常用的绘画工具，若只使用铅笔绘制表现图，会呈现出一种无彩色系的视觉效果，虽有其局限性，但也独具魅力。铅笔绘制的单色画面也可以有丰富的表现力，环境元素可以被描绘得很具体，同样可以被视为一幅完整的环境效果图。临摹大师的铅笔手绘表现图有助于学习者体会环境元素的编排方式和画面整体黑、白、灰关系的布置，有助于学习者了解如何使用黑色和灰色调子表现不同深浅的颜色，以及如何通过用力的大小、走笔的快慢、线条的间距、笔触的宽窄制造不同的视觉效果。

用于铅笔作画的画纸无特殊要求，但纸面纹理不同会产生不同的表现效果。光滑纸面上绘制的手绘表现图，线条清晰、肯定，修改线条时不会因为多次使用橡皮而导致纸张起毛，较适合初学者。纹理粗糙、摩擦力大的纸面上绘制的表现图，线条风格较粗犷。此种画纸的耐擦性相对较差，多次擦除后纸张容易起毛，因此，适合有一定基础的练习者。根据自己的水平选择适合的纸张有利于手绘图画面效果的呈现，但同时也要考虑画幅的大小和表现的目的，图面大宜用纹理较粗的画纸，图面小可用较光滑的画纸。

使用铅笔绘图时有一个小技巧，可以尝试将木杆石墨铅笔的笔尖削出 6 毫米长，然后将笔尖放在砂纸上磨成扁斜面。画表现图时，通过将笔头的斜面均匀地压在纸上或改变运笔的角度，可以画出变化丰富的宽线条，此技法适用于建筑墙面、屋顶和高大乔木的暗部表现。

二、针管笔

针管笔分一次性的和上墨水的两种，根据笔尖的粗细不同又分为 0.1—1.0 十个型号。樱花牌的一次性针管笔 6 元左右一支，买一支 0.1 的和一支 0.2 的就够了，其他型号不用买，可以通过多描几次画出粗线条。上墨水的针管笔一般都是按套出售，一套里有三支笔和一瓶墨水，比较贵，有红环等品牌。这种针管笔使用起来相对麻烦，笔尖容易堵塞，不推荐购买。笔尖较细的签字笔可用来代替针管笔，只要在快速走笔时笔水流畅，线条不断断续续的就可以，晨光的细尖签字笔绘画效果好而且便宜。绘图钢笔在快速走笔时不是特别流畅，会影响画面的整体效果，也会影响绘图者的心情，因此，不建议使用它绘制整幅画面，但可以在局部表现时使用。

一次性针管笔

上墨水的针管笔

三、马克笔、高光笔和修正液

用针管笔勾勒出环境中的主要元素和配景物的轮廓线后，下一步就是用马克笔上色了。上色前需要做好准备工作，最好将线稿复印两张备用，然后在复印稿上上色。这样做的好处是当对上色效果不满意时，可以再复印重画，适合初学者。提醒大家一下，有的复印机由于使用时间较长等原因，复印出来的线稿上会有多余的墨迹，那就换一台复印机再印，一定要保证线稿是干干净净的。复印线稿十分方便进行着色练习，若铅笔线稿中的线条比较干净利落，也可不再用针管笔描画，复印后直接上色。用复印稿上色的另一个好处是，不会因为使用水性马克笔而把线稿中的墨线浸开。

准备工作做好后，就要进行马克笔上色了。马克笔也叫麦克笔，是近年在景观和室内效果图表现中使用较多的上色工具，它上色快捷，表现力强，绘制的画面有光泽。马克笔的笔头有粗头和尖头之分，大多数马克笔一端是粗头的，另外一端是尖头的。粗头适用于表现大面积色块与粗线条，尖头适用于深入刻画形体的细节。马克笔的色号很多，并且无需调色，可直接使用，十分方便。

大概十多年前，水性马克笔是较常用的。使用水性马克笔表现物体，当画好第一笔颜色，再画第二笔时，第一笔与第二笔之间的接缝处会出现明显的交叠痕迹，这会造成画面脏乱而影响整体效果。水性马克笔遇水会溶开和洇纸，色彩饱和度也比油性马克笔差。水性马克笔画出的色彩在完全干透后会变淡一些，多次覆盖后，色彩还会变得浑浊。过度使用水性马克笔会损伤纸面，尤其是在较薄的纸上绘制时，很容易出现这样的问题。所以，在给线稿上色前，充分了解纸与笔的特性是十分必要的。综上所述，由于水性马克笔的使用功能在多方面存在不足，它逐渐被油性马克笔取代，退出了手绘舞台。

油性马克笔用有机化合物二甲苯作颜料溶剂，特点是纯度高、渗透力强、挥发较快、随画随干、干后色彩稳定不变色，适用于绘制多种风格的环境表现图。但是，二甲苯具有强烈的刺激性气味，对身体有害。于是，以酒精为溶剂基质的酒精类油性马克笔开始普及。美国三福牌和韩国 TOUCH 牌的马克笔比较好，三福略贵，推荐比较便宜的 TOUCH 酒精类马克笔，每支 5 元左右，性价比高。在购买马克笔时，只需选择一些常用的颜色，不必买特别多的颜色。颜色过多在使用时是很不方便的，会导致无法快速、准确地选出需要的颜色。通常，马克笔买 40 支就可以，一定要多买几支灰色，不要选过于鲜艳的颜色，否则上色后画面看上去会太跳跃，显得不协调。购买完马克笔后，要做一张如图示这样的马克笔品牌、颜色编号表，方便平时练习时能迅速地找到合适的颜色。

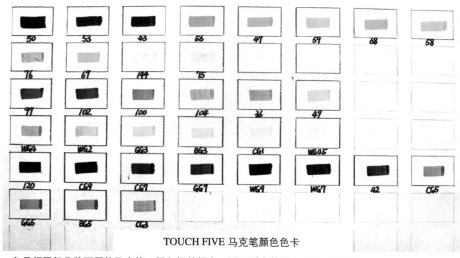

TOUCH FIVE 马克笔颜色色卡

色号相同但品牌不同的马克笔，颜色相差很大，以下列出的是 TOUCH FIVE 牌的马克笔色号，是画室外环境表现图时比较常用的 35 种颜色。
绿色系：50、53、43、56、47、59、68、58；
蓝色系：76、67、144、75；
暖棕红色系：97、102、100、104、36、49；
浅灰色系：WG4、WG2、GG3、BG3、CG1、WG0.5；
深黑灰色系：120、CG9、CG7、GG7、WG9、WG7、42、CG5；
中灰色系：GG5、BG5、CG3。

马克笔色卡 1

TOUCH 马克笔景观 40 色（标准版）

马克笔色卡 2

　　油性马克笔适合用于各种纸张，并且几乎能在任何表面上进行绘制，如玻璃等表面材质都可以附着上颜色。油性马克笔尤其适合在硫酸纸上上色，若在颜色干燥之前有调和余地时多描画几次，可得到水彩画退晕的效果。利用硫酸纸的半透明特性，还可以通过在纸的背面用马克笔做渲染，获取画纸正面的特殊效果。关于纸张的选择，在下文中还会做详细说明。

　　马克笔画出的色彩可以通过橡皮擦和刀片刮等方法做出特殊的效果。一张环境手绘表现图的上色工具往往不止油性马克笔一种,通常是多种上色工具配合使用。例如，油性马克笔不适合表现面积较大的天空，因为油性马克笔中的蓝色过于饱和、鲜艳，容易抢夺画面表现的主体，而用蓝灰色又会使画面呈现灰蒙蒙的效果。这时，可以用水彩颜料表现天空，然后在水彩底色上使用油性马克笔画出局部的云彩，如此处理的色彩不会变得浑浊。

　　表现地面和墙面时，先用水彩颜料整体着色，然后用油性马克笔刻画细部，最后用修正液画出高光，提亮材质质感。修正液能很好地表现水面、石头的高光。绘图时，将修正液在画纸上轻轻划过即可。需要提醒大家注意的是，一定要选用出水流畅的修正液，可以先在废纸上试验一下，不要挤压力量过大，否则会导致一下流出很多液体而破坏画面的整体效果。如果这种情况发生了，可以把手绘图扫描，再在 Photoshop 中进行后期修图。有时，修正液的液体过于洁白也会破坏画面的整

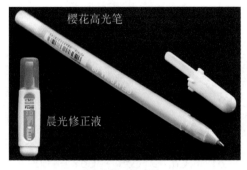

高光笔、修正液

体色彩，在 Photoshop 中降低过于洁白区域的明度可解决这一问题。油漆笔和白色油性铅笔的作用约等同于修正液，但提亮效果最好的还是高光笔。还有些同学喜欢用水粉色提亮高光，但水粉色在完全干透后会发亮，所以要谨慎使用。

油性马克笔不适合初学者在练习初期使用，因为它不是很好驾驭，需要绘图者具有一定的上色功底。使用油性马克笔上色前要看准颜色，确定明暗关系，可以适当夸张明暗对比来突出效果。

油性马克笔上色的小技巧：第一，在同一植物上，使用马克笔的颜色最好不要超过三种。第二，景观元素之间色彩协调的小窍门就是为它们添加一些共同的颜色。具体做法是：在着色时，亮面和暗面都先铺一层同色浅调子，再用同一颜色画暗面的第二层，此方法能很好地融合色彩。第三，表现大面积的深色时，慎用黑色马克笔，改为以针管笔刻画暗部。这样画出来的暗部会有细节，而不是死黑一片，给人透不过气的感觉。第四，当油性马克笔的颜色变淡、快要干掉时，千万不要扔掉它，可以用它画出特殊的效果。半干、还未彻底没水的马克笔，适合表现带纹理的木材、草皮覆盖的墙面和粗糙的拉毛墙等元素的条纹质感。第五，变淡、快干的油性马克

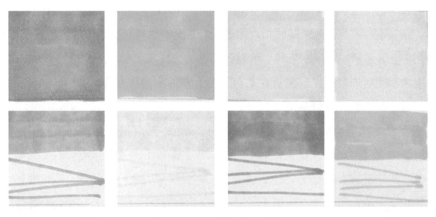

马克笔着色时的"满"与"不满"效果。注意用笔的方向是水平方向配以稍稍倾斜的水平线条，或者是垂直方向配以稍稍倾斜的垂直线条。在表现色彩渐变时需要注意的是，用笔不要水平线配垂直线，两线条之间的夹角一般情况下不要超过 30°。

笔还可以画出渐变色。画法是在起笔时用力下笔，收笔时轻轻收笔，或者反之，这样可以一笔画出虚实变化。第六，使用一支颜色充足的油性马克笔，可以通过控制笔触之间的疏密表现色彩的渐变。具体做法是：在着色时，暗部画"满"，笔触之间不留空隙，过渡调子处画得"不满"，笔触之间留出空隙。

四、水彩

1. 线描水彩表现图的特点

线描水彩表现图是工整、纤细的线条和水彩颜色结合的手绘表现效果图。因为画线严谨、用色轻薄，此类环境表现图有点儿像传统的工笔淡彩画。线描水彩表现图中的主要景物和配景在用线的粗细上应统一，不论大景物还是小配景，远景还是近景，都要统一用线。色彩上，线描水彩表现图采用的是薄涂淡淡一层颜色的画法。因为水彩颜色没有覆盖力，所以可以一直保持线条、色彩清晰分明。

线描水彩表现图上色时，要等一个环境元素的颜色干透后，再给另一个环境元素上色，目的是不破坏邻接物的形象。如果在一个环境元素未完全干透时就着急画它邻近的元素，两个元素的颜色容易模糊到一起而破坏画面效果。色彩明度低的环境元素可以多次覆盖上色，但不能着急，要等前一遍颜色干透后再上一遍。如果画面中环境元素的明度、饱和度都不需要上两遍颜色，那么就从浅色的环境元素画起，再画深色的环境元素，这样就不需要经常换水了。处理较大面积的颜色，如渲染天空时，可使用排笔。

2. 线描水彩的常用表现形式

①深线、淡彩、平涂

深线、淡彩、平涂是水彩画法中最常使用的表现形式，以单纯的深色线条统一画面，以淡雅的水彩色平涂铺满画面，除水体外，一般不留白，画面效果清新、质朴。此类表现图中，主要和次要元素的轮廓线都是清晰明确的，建筑采用尺规作图，植物直接用徒手绘制结构和细节。

②多色线、面结合

多色线、面结合的表现形式会使用较多线条，环境元素的明度越低，线条越多。因为多线成面后明度会降低，可以通过控制线条的多少来调整环境元素的明度。多色线、面结合的表现形式与深线、淡彩、平涂表现形式的区别在于：表现同一个环境场景时，多色线、面结合的表现形式中的线条更多，且常通过线条的聚集形成面。由于该表现形式运用线条体现环境元素的结构关系，因此在线稿阶段需要做更充分的准备。

以上两种表现形式的勾线用笔，可选用针管笔，也可使用水粉颜色，最终画面所呈现出的环境元素均有平整感。

3. 钢笔淡彩表现图

钢笔淡彩表现图近似钢笔速写，其用线方式与速写画法相同，色彩表现采用简化了的水彩画技法。该画法不需要高难度的技巧，但要保持笔触明晰、水分饱满、画面明快，应尽量避免使用浓重的色彩，并注意色彩不要压住线条。

五、水粉

1. 水粉表现图的特点

水粉颜料的表现形式与水彩类似，都是以水为媒介调和颜料，塑造形体。着色时，先画暗部，再画明暗过渡，最后画高光提亮。在表现画面的前后进深关系时，先画远处的环境元素，大体铺色；后画近处的环境元素，做细致描绘，这样就突出了色彩上的近实远虚。在着色的开始阶段，颜色不宜铺得太厚，应遵循先薄后厚的顺序深入。图中需重点表现的环境元素可画得厚实一些，以突出其肌理、质感。

2. 使用水粉颜料时的注意事项

①水粉与水彩颜料在特性上的不同

水粉与水彩颜料在使用上的最大不同是水粉颜料不能像水彩颜料那样加入大量清水稀释，而是要通过掺入不等量的白色颜料降低颜色的饱和度，提高颜色的明度。需注意，加入白色颜料时要谨慎，如果掺入较多的白色，表现图会呈现出一片雾蒙蒙的效果，导致画面层次不分明，色彩没有光泽。如表现高纯度的绿色植物时，应尽量少用白色颜料，因为此时不适合把色彩画得薄透，而是需要用水粉"堆色"，把色彩画得厚实，表现出枝叶的厚重质感。表现植物的高光时，可在绿色中调和淡黄等浅色，最好不要直接加入白色颜料。

②色差的问题

水粉颜色干与湿润时的色差是比较大的，颜料干后饱和度降低、明度升高，颜色会变灰变浅。在画水粉环境表现图时，要对色彩干后的效果有预判，适当提高色彩的饱和度，这是需要通过练习积累经验的。

六、彩色铅笔

1. 彩色铅笔的一般表现技法

彩色铅笔的表现技法与普通铅笔类似，只不过彩铅因增加了色彩而更有表现力。彩色铅笔的铅芯不像普通铅笔那样有很多的软硬型号，所以在使用彩色铅笔画环境表现图时，笔触本身的软硬变化不是追求的重点。在表现技法上，使用彩色铅笔绘图通常利用轻重不同的排线或多种颜色的重叠表现环境元素丰富的色彩变化。

彩色铅笔表现技法简单，易掌握，适合初学者练习时使用。在较短的时间内使用几支彩铅画出效果图，说明环境设计中的色彩、材料和氛围，是目前流行的快速表现技法之一，受到设计师们的喜爱。彩色铅笔的色彩丰富，网上有 5000 元一套内含 500 种颜色的彩铅出售，但不必买那么贵的，一盒马可牌的普通彩铅就够了，它足以表现多种颜色、线条，以及画面的空间层次感。彩色铅笔在表现特殊环境元素，如木材、石材的肌理和灯光、倒影的效果时，均有独特的作用。

2. 使用彩色铅笔时的注意事项

①使用彩色铅笔画环境表现图时，通过调整握笔的力度，可以得到不同明度和纯度的色彩，还可做出渐变的效果，形成多层次的色彩变化。

②在控制色调方面，可用单色彩铅先笼统地罩一遍，使画面的整体色调协调，冷色调的画面一般选用蓝色彩铅，暖色调的画面一般选用中黄色彩铅，然后再细致刻画每一个环境元素。

③彩色铅笔适合在绝大多数的纸张上作图，纸张不同，画面的表现效果也不同。细滑的打印纸适合表现细腻柔和的环境效果图；水彩纸、素描纸的表面纹理粗糙，不适合表现质感细腻的环境元素，更适合表现粗犷的环境效果；彩色打印纸画面整体色调和谐，可制造出特殊的表现效果，绘图者应根据画面中所表现元素的特点选择适合的纸张类型。

七、水溶性彩色铅笔

如果只能拥有一种上色工具，那一定要选水溶性彩色铅笔。水溶性彩铅的铅芯中加入了水彩颜料，推荐购买一盒 48 色的辉柏嘉牌水溶性彩铅，但此种彩铅假冒的很多。尤其在"秘密花园"系列丛书出版后，水溶性彩铅的价格被炒得虚高，假冒产品就更多了。此款辉柏嘉彩铅外观上很难辨别真假，但在外包装上设有防伪的微信二维码。当然，使用时也很容易分辨出真假。假冒的产品落笔时线条不流畅，笔尖与纸接触时会发出吱吱的响声，画出的色彩也不艳丽。但由于此款彩铅的红色纸盒包装外还有一层透明的塑料密封纸，不能试用，所以还是建议到正规的店铺购买。此款水溶性彩铅批发价 70 元左右，铅芯不易断，很耐用，性价比很高。

48 色辉柏嘉牌水溶性彩色铅笔

水溶性彩铅的叠色色彩渐变练习。最后一横排为水粉笔或水彩笔蘸水后平涂彩铅色块，颜色被水溶后呈现的柔和的渐变效果。

水溶性彩铅细腻的笔触十分适合表现材质的质感，如绘制室外的木质栈道时，不要平涂，应按照木头的纹理上色，画错可用橡皮擦除、调整，再用小毛笔蘸水逐一晕染。水溶性彩铅的笔触接近水彩的效果，可以代替水彩颜料，以弥补马克笔不善于大面积平涂的缺陷。

若使用水溶性彩色铅笔，最好在水彩纸上绘图，因为普通的打印纸在颜色干透后会起皱。普通纸若想防皱的话，可以先将其裱起来再画。裱纸的方法是用白乳胶或水溶胶带（用水润湿后，它就有了黏性，下文会做详细介绍）把纸的四个边平整地粘贴在画板上，也可以用透明胶带将纸张直接固定在画板上，等画纸干透后将其取下来，裁切边缘即可。

八、炭笔和炭精条

一些特殊的环境手绘表现图中会用到炭笔，它能在很短的时间内简洁地表达出元素的块面结构，容易制造效果，但不是非常好控制，需要较好的美术功底，可根据个人的实际情况和兴趣尝试使用。推荐购买三星牌的碳精条，有黑和棕两种颜色。

需要注意的是，炭笔的绘制痕迹较深，下笔较重时，橡皮可以消减，但很难完全擦除炭笔在纸张上留下的痕迹。为了避免影响表现图效果，在下笔前要想好。若想擦掉炭笔印记，可以先用柔软的可塑橡皮吸附画纸表面的碳粉，再用面包擦，但仍会留下淡淡的痕迹。

另外，炭笔绘制的表现图很容易被其他画纸磨脏，多喷几层定型喷雾可以对图纸起到一定的保护作用。

炭精条

九、色粉棒

市面上的色粉棒种类很多，进口品牌的质量好，但很贵。推荐购买国产24色金日升牌的色粉棒，它着色性好，一盒15元左右。色粉棒的外部很光滑，因此不能直接使用，可先将其掰成两段，露出中心部分，然后在废纸上将其光滑的表面磨一磨，就很好用了。

金日升牌色粉棒

美工笔

十、美工笔

在画线稿时，美工笔较普通钢笔变化更加丰富。在表现元素的暗部时，使用更加方便、快速。美工笔的笔尖微微翘起，刚开始使用时会觉得不适应，待一支新笔使用一段时间后，笔尖磨得圆滑了，就会越来越好用。

十一、毛笔和排笔

毛笔、排笔都是涂抹颜料的工具，可画大背景，也可用于局部勾线。如在表现天空等大面积的环境元素时，可使用大号的蓄水量大的毛笔或小号排笔，趁着颜色湿润的时候进行颜色的衔接。若笔毛少，蓄水量小，颜色随画随干，会影响表现的效果。

排笔

笔毛分天然毛和尼龙毛两类。尼龙毛硬且吸水性差。天然毛又分羊毛和貂毛两种。貂毛较硬，却有弹性，用它制作的毛笔适合用来表现环境元素的形体轮廓，但比较贵。平时练习，推荐购买天然毛中的羊毛笔使用。

第二节　绘图仪器

尺规套盒

绘图仪器包括直尺、丁字尺、蛇尺、比例尺、三角板、圆形绘图尺、槽尺、圆规、绘图板等，初学者购买一个尺规套盒就可以。在绘制环境手绘表现图时，尺规能帮助初学者在短时间内画出规整的线条，提高工作效率。绘制室外平面图时必备一个圆形绘图尺，它能帮助我们快速地画出各种规格的植物图例。

手绘练习的初期，不建议过多地使用尺规作图，以免产生依赖心理。在掌握了透视原理和基本的手绘方法后，可在绘制表现图时先用尺规和铅笔确定大致的透视关系，再用针管笔徒手描画一遍铅笔线。

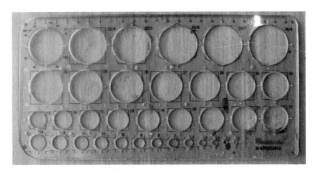

圆形绘图尺

使用这种方法画出来的线不会太歪，而且直得很自然。尺规画出的线条是无法与纯手绘线条相媲美的，所以练习摆脱尺规徒手画图十分必要。

第三节　其他绘图用具

一、调色用具

1. 调色盘、调色纸

购买调色盘时，最好选择白色瓷盘，以便在调色时能观察到颜色加水稀释后的细微变化。另外，还可以使用可撕除的一次性调色纸。这种调色纸一本中有很多页，用完一页撕掉一页。如果不经常用水粉着色则不必购买调色盘和调色纸，用其他托盘替代即可。

调色盘

调色纸

2. 小水桶

小水桶有一个就可以，能盛水洗笔就行。有时，把矿泉水瓶减掉一半也可代替小水桶。

二、纸

1. 分类

绘图纸包括卡纸、铜版纸、复印纸、硫酸纸、水彩纸、快题纸、特种纸等。卡纸和铜版纸的纸面太光洁、不吸水，不适合画手绘图。绘图纸易起毛，堵塞笔尖，也不建议使用。速写簿是为铅笔设计的，纸张较粗糙，只适合画铅笔表现图。水彩纸的吸水性强，适合水彩颜料和水溶性彩铅。需要画出特殊效果时，可以选择特种纸或硫酸纸，硫酸纸还适合在手绘练习初期拓图用。平时练习用复印纸就行，它与马克笔是绝配。后面的章节中会讲解使用不同纸张表现同一种植物，会获得不同的表现效果。

2. 大小

平时练习建议购买一包五百张的 B4 复印纸，因为 A3 的纸有点儿大，携带不方便。并且，A3 的纸张更适合表现内容丰富的场景，如果场景里的环境元素较少，初学者又没有很强的丰富画面效果的能力，画面容易显得空洞。另外，由于受马克笔笔触宽度的限制，A4 纸又有点儿小，只适合练习单体，不适合绘制环境场景。所以，B4 纸的大小最适合。统一选用 B4 纸，也方便将练习图整理到一起。

三、画板

绘制环境表现图常用的是 4 开木质画板，10 元左右。现在市场上售卖的画板，有的表面过于坚硬，有的过于光滑，不要选用这样的画板，选择正常的木质画板即可。如果桌面平整、没有凹陷，也可以直接在桌子上画图。

四、水溶胶带

裱纸用的水溶胶带一般为牛皮纸材质。它的用法很简单：将有胶的一面沾水润透，但不要用太多水；粘贴时，先往画纸背面打上一层水，然后用水溶胶带固定画纸，等到画纸和胶带都干透后就可以画图了。水溶胶带能起到固定画纸的作用，并且不会损坏纸张的边缘。

水溶胶带

五、橡皮

1. 4B 美术用橡皮

手绘环境表现图时，应选用质量好、柔软的橡皮，因为好橡皮能将错误的铅笔线擦得更干净，并且不易使画纸起毛。而假冒的绘图橡皮和质量差的橡皮在擦除错误线条时会损伤画纸。需要注意的是，起铅笔稿时画线不要太用力。若太用力，擦除时容易在画纸上留下凹陷的痕迹。一块得力牌的 4B 美术用橡皮能用很久。

2. 可塑橡皮

可塑橡皮适用于纯铅笔和炭笔、炭精条绘制的表现图，它可以粘去画纸上多余的素描调子，且不损伤画纸，擦拭后的效果自然。可塑橡皮价格不等，使用效果相差不大。

4B 美术用橡皮（上）和可塑橡皮（下）

六、座椅

绘制表现图时，若身体距离画笔过近，画出来的线条前面是直的，后面因为甩不开手臂，尾线可能就弯曲了。坐着画手绘图时，双脚要着地，椅子的高度要能使你坐直以后躯干和大腿的夹角达到 90 度才是最合适的。有的设计师喜欢盘腿坐着画图，时间久了，腰部、背部和脊柱会疼痛，这都是坐姿不良造成的。最好是配一个有弹性的椅垫，在不影响画图质量的前提下，怎么舒服就怎么坐，每次画图的时间最好不超过 3 个小时。

绘图工具与材料众多，且造型各异。在开始画环境手绘表现图之前，可以用它们先练一练笔。

绘图工具与材料

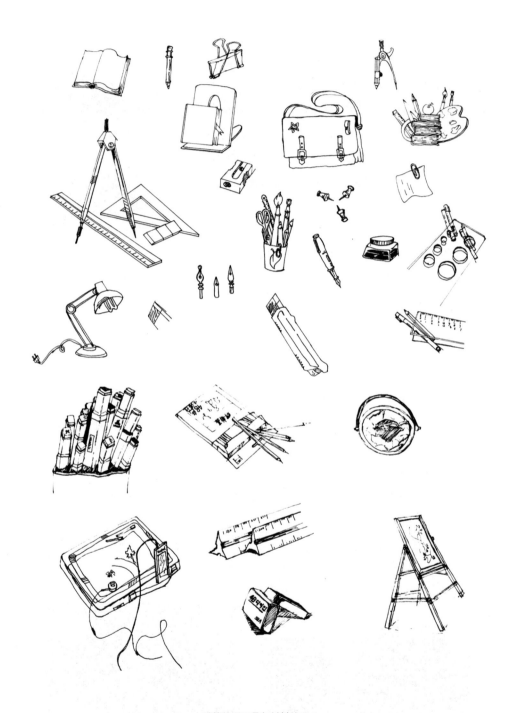

手绘绘图工具与材料练习

第三章 | Chapter 3
手绘基础训练

第一节　坐姿、握笔方法和支点

一、坐姿

画图时要坐姿端正，身体略向前倾，腰挺直。眼睛与画面之间的距离不可过近，这样有利于观察画面的整体效果。

二、握笔方法

有些人画表现图时的握笔方法和画素描时一样，也有些人会有所

画手绘表现图时的坐姿

不同。通常应手腕放松，以肩为轴平移手臂，避免身体僵硬。握笔点与笔尖的距离大约为 3 厘米，此距离可根据所画线条的长短来调整。握笔时，拇指与食指指尖轻松地夹住笔，中指关节轻轻地支撑住笔杆，画笔与纸面之间的夹角在 30—50 度之间，此夹角的度数通常小于写字时画笔与纸面之间的夹角。同时，小拇指可自然弯曲并贴在画面上，其弯曲程度与无名指基本保持一致，也可伸直支撑在画面上作为一个支点，这样有助于保持画面的洁净。

握笔方法没有对错之分，依据个人的习惯，觉得舒服就好。走笔时应放松，不要过分地用力。

三、支点

画图时，以手肘为支点，适合画短线，表现装饰细节；以胳膊肘为支点，适合画中长线；以身体为支点，适合画大幅画表现图中的长线，如道路线、建筑线、墙体线等。

画手绘表现图时，支点的位置不是固定不变的，应随着所画线条的长短而调整。需注意，当支点与画纸之间的距离过近时，容易把线画弯。绘制直线时，若始终以手肘为支点，容易影响画者对画面的观察，导致只关注线条直与不直，而忽略了对手绘环境表现图全局的把握。

第二节　线条的练习与运用

具有足够的线条把控能力是画好一张表现图的关键，这种能力需要通过长期的训练去提高。画线时，下笔要肯定，尽量不要反复描。手绘表现图的透视练习有助于加强初学者对线条的把控能力，同时，线条练习也会帮助学习者对透视有更深入的理解，两者是相互促进的。

环境中的元素都是由各式各样的线条组成的。手绘练习应从基础线条开始。初学者要先练习把线画直，这在较短的时间内就能做到。接着，就要画建筑、飞鸟、桌子、椅子、衣柜、吊灯等简单的元素单体。这些练习得差不多的时候，再画比较复杂的环境元素，如人物、交通工具等。这些复杂的单体元素可以烘托画面的氛围，对增加环境手绘表现图的趣味性会起到重要作用。

一、直线

直线是环境手绘图中最常见的线条，有水平方向的横直线和垂直方向的竖直线两种。手绘技法应从直线练起，先画短直线，再逐步增加线条的长度。在室外环境手绘图中，直线常用于表现建筑形体与道路结构；在室内环境手绘图中，直线常用于表现天花板、墙体、踢脚线等。

水平较高的环境手绘效果图，线条都是流畅的。一张效果图的好坏很大程度上取决于线条，正如前面所讲的，对线条的把控能力是决定画面效果的关键性因素。画线稿阶段，最主要的就是线条的表现。线稿画好了，手绘表现图可以说就成功了一多半。如果线稿没画好，颜色上得再精彩，手绘表现图也很难取得好的效果。绘制线条时的常见问题有不够流畅、多次重复、弯曲、不够圆滑等。不要不在意这些小问题，很多个小问题汇集到一起就会破坏手绘图的整体效果。

对线条的重要性有了正确的认识之后，下面具体讲解怎么把线画好。直线应尽量画直，但并非一定要与用直尺辅助画出的效果相同。没画直也不必纠结，因为这不一定就会破坏画面的效果。每条线都是有生命力的，偶然间画出的线条有时会在画面中起到特殊的作用。这种不刻意表现且稍有变化的线条往往令画面呈现出

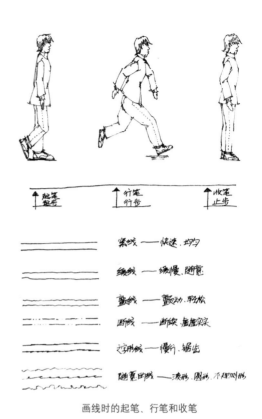

画线时的起笔、行笔和收笔

排线练习

意想不到的好效果。画线时速度要快，笔从起点快速地向目标点移动，保证线的起点和终点在一条水平或垂直线上即可。练习长线、排线时，如果一条线在从起点到目标点移动的过程中不小心断开了，重新开始画时就把这条线分成两笔，即将这条线分为两段。需注意不要从断点处搭接，以免画面中出现黑点。平时练习画线时应注意，手绘线条的起笔、行笔和收笔与中国传统书法的用笔技法差不多，同样有起笔和顿笔，有轻重和缓急。

二、斜线

斜线是有角度的直线。练习画斜线时尽量不要旋转画纸，因为画纸旋转后可能会影响各角度透视线绘制的准确性。况且，较大的画纸是无法方便地旋转的，平时更需多加练习。

通过横线、竖线、斜线的交织和重叠可以增加线条的密度，塑造环境元素的暗面。

斜线练习

三、曲线和圆

画曲线时需要手腕灵活，可从圆练起。先用四点定位法确定圆的高度和宽度，即确定圆的上、下、左、右四个点，然后再画圆。练习一段时间熟练后，就可以摆脱辅助点直接画好圆了。圆弧即曲线，圆是由圆弧线组成的，练习画圆也就是在练习画曲线。为什么一定要画出流畅的圆弧曲线呢？因为它在手绘表现图中十分常见。曲线多用于景观水岸线和人物的外轮廓、背部等元素中。在表现人物的背部线条时，一条流畅的弧线非常重要。

四、爆炸线和水花线

在比较熟练地掌握直线、曲线的画法后，就可以开始爆炸线和水花线的练习了。这两种线主要用于表现植物。画爆炸线时速度要快，整体轮廓呈现喷溅的放射状；画水花线时速度要慢一些，它是多个曲线圆弧的组合。需要注意的是，每一小段的爆炸线和水花线都不要过于均衡一致，要有细微的变化，有一定的自由度，个别地方可以断开一点，这样才显得自然。

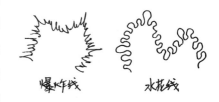

爆炸线、水花线练习

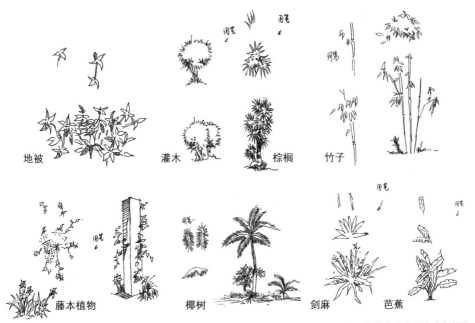

地被　　灌木　　棕榈　　竹子

藤本植物　　椰树　　剑麻　　芭蕉

使用爆炸线和水花线绘制植物

五、其他八种常用线条

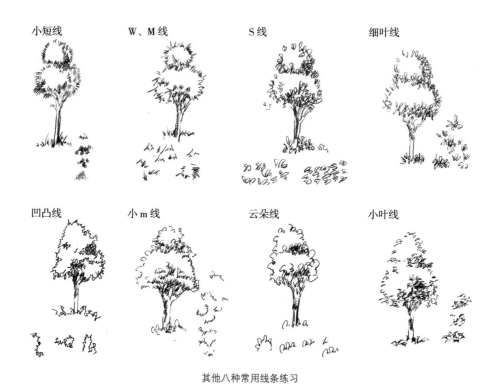

小短线　　　　　W、M 线　　　　　S 线　　　　　细叶线

凹凸线　　　　　小 m 线　　　　　云朵线　　　　　小叶线

其他八种常用线条练习

六、线条的疏密

　　线条的疏密会影响物体的明暗、分量、肌理和质感。表现环境元素的暗部时，线与线之间的空隙可以很小，但不要没有；线与线尽量不要重叠，若重叠的线过多，画面会有很多黑点。表现较重的物体时，线条可画得密实些，能突显出分量感。

　　远近不同的景物，也不能用同样疏密度的线条来表现。同样的景物，如常绿树桧柏，近处的要画出枝叶、树干的细节，远景处则应概括表现，线条要轻、细，说明问题即可，线条太复杂会抢了前景。通过线条的疏密与轻重区分出了远景与近景，画面的空间感也就建立起来了。

　　环境元素线条的疏密除了取决于其在画面中的位置，即远景和近景，还要看它是作为主景出现，还是作为配景使用。同样的环境元素，在近景出现时，线条一般画得粗且重。但若近处的环境元素是作为配景使用，则不需要画得十分细致，即

表现近、远景植物时所用的不同线条

使是近景，也要简化线条。表现人物也是一样，近景应用线细腻，画得具体些，而远景的人物则用简单的几条线概括一下即可，不适合用琐碎复杂的线条表达。走笔速度快，用力轻的线条，更适合于表现远景。

　　总之，要想熟练用线，就得多练，使眼、手、笔在大脑指挥下协调一致。这样才能造型准确，在心情放松的状态下画出自然、流畅的线条。

第四章 | Chapter 4
景观元素的形体与材质肌理表现

景观设计四要素为山石、水体、植物和建筑。本章具体讲解这四要素及地面铺装的手绘表现方法。

第一节　山石

不同环境中的山石，形态特点各不相同。手绘山石景观，以针管笔塑造形体为主，可施加淡彩。注意色彩的饱和度要低，可选择不同深浅的灰色系马克笔着色。

一、置石

简单地说，置石就是在场景中合适的地方放置的适合这个场景的石头。在景观设计中，需注意置石的位置和朝向。场景中石头的作用以观赏为主，置石巧妙能在环境中起到画龙点睛的作用。

置石

了解置石在环境设计中的作用后，下面就要练习其手绘表现方式。首先从临摹自然界中的石头开始，最好的方法就是写生。认真观察生活中的石头，通过多画，了解石头的自然属性，这会使学习者的表现技巧越来越成熟。手绘石头时的用线原则是笔触简洁，用大笔触表现明暗交界线的转折，再配以两条简单的细线做明暗过渡。通常来说，石头的外形画方好过画圆，用线宁可过直，也不要太弯

石头、枝干和落叶

曲，因为方形直线更能够突出石头的坚硬质感和体块感。但这并不是完全绝对的。比如，海岸边的石头由于水流的冲刷作用，棱角不那么明显，表现时线条应圆润一些。

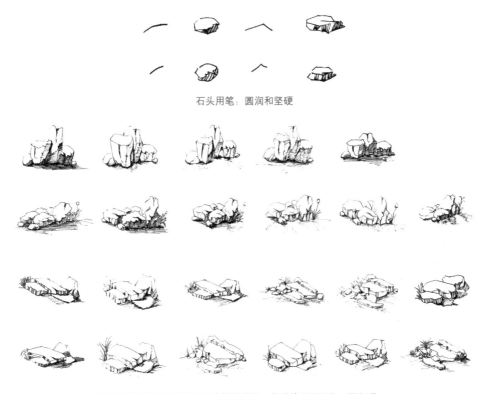

石头用笔：圆润和坚硬

不同类型的石材应采用不同的线条绘制，表现效果可圆润，可坚硬。

石头的形态表现要把画中透视在石头下画恰少量草地效果来表现，以衬托草地效果，石头不适合单独配置，通常是成堆出现，要注意岩石头大小相配的群关系。

不同形态的石头

　　假山可以被视为单体石头的组合。练习时，应先掌握单体石头的表现，再绘制假山。绘制时需注意整体效果，要知道每个独立的石头都是为假山整体服务的，重点表现的部分不可过于突出，石头间要有前后遮挡的关系和大小变化。中国传统园林中的假山源于民间的神话故事。中国神话体系中的昆仑神话形成于先秦时期，后来又逐渐出现了所谓的东海仙山系统等。传说秦始皇向往东海神山上的长生不老仙药，因为求长生不老不成，就挖了一个池子，并在里面筑了三座仙山以寄托愿望。做法虽荒诞，但此园林格局却被传承了下来。之所以能流传，是因为其自有独特之处：园林挖池，池中有水，水波荡漾，池中筑假山，水面空间的层次变得丰富起来。

　　石头也可与低矮灌木、花丛、草坪进行组合。此类组合主要有三种形式，第一种：置石在前方，芒草、剑麻等比较低矮的植物布置在石头的后方和两侧稍高的地方。第二种：在低矮的灌木丛中安置石头。第三种：在草坪上安置石头，注意石头与地面交接处的处理要自然，尽量给人石头深深地扎根在土地里的感觉。以上三种组合方式都可以增添环境的野趣，使景观设计更具内涵。绘图时，要明确表现的重点是植物还是石头，两者不可用同样的笔墨和线条来表现。原因是它们高差不大，如用同样疏密的线条表现，容易粘

置石与草坪的简单组合

在一起，区分不开。

另外，石头还可与高大乔木进行组合。在树下安置石头，为人们提供了一种纳凉休息的空间。手绘表现此类环境景观时，要注意阳光透过树叶和枝条照射在石头上形成的斑驳光影效果。

二、景墙

景墙在室外环境设计中运用十分广泛，它既可划分室外空间，又能隔而不断地美化环境。景墙的表现形式多样，包括浮雕式、镂空式等。镂空式景墙比较适合运用在较小的空间之中。浮雕式景墙如果运用不好，容易造成空间的压迫感，使人觉得沉闷。但在比较大的空间中，体量感强、塑造手法新奇的大景墙更易烘托出场地的气势，更受人们的喜爱。

景墙多为石质，如文化石堆砌而成的景墙，表面呈凹凸起伏状，常与庭院灯和地灯搭配使用。由于光源的高度和照射角度不同，景墙会呈现出非常丰富的视觉效果。人造材质的景墙，造型和色彩更加丰富多样，若需要，表现时可尽量细致刻画。室外环境中的景墙可以成为场地的名片，如韩国梨花女子大学校门入口处的白色浮雕梨花景墙就吸引了众多世界各地的游客前来观赏。

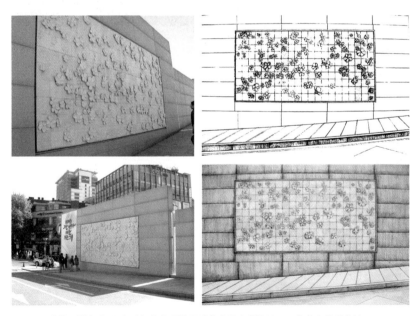

建筑石材表现：用自动铅笔表现韩国梨花女子大学校园入口处著名的梨花墙。

建筑石材表现:用铅笔表现石材表面的凸凹变化。

建筑石材表现:用针管笔表现韩国梨花女子大学的景墙。

建筑石材表现:用彩色铅笔表现韩国梨花女子大学的建筑。

建筑石材表现:采用不同手绘方法表现韩国梨花女子大学的建筑与植物。

建筑石材表现图：用彩色铅笔表现韩国梨花女子大学的建筑入口。

三、瓦面屋顶

　　瓦面屋顶的材质特点鲜明，多出现在有古建筑的场景表现图中。表现时，要尽量突出它凹凸起伏的状态，凹陷部分的明度要低一些，以制造出下陷感。不要使用很平均的力量去刻画每一个瓦片，要有取舍。既有重点表现的区域，也有省略、过渡的地方，这样才能突出瓦面屋顶的特点。

第二节　水体

　　人们常说，环境中无水不活。水体在环境设计中占据重要地位，近年来更是越来越受到设计师的青睐，水景早已不仅仅是环境中的配景。以水为主体的景观设计形式越来越多，江南园林中的水体就是一大特色，整个园林的空间都因水的存在而丰富了起来。无论是男人、女人，还是老人、中年人或小朋友，都喜欢在有水的地方休息和玩耍，水景的设计正符合了人们亲近水的需求。给水体着色时，要以轻重适度的色彩表现水的清透，走笔速度快也有利于表现出水的质感。在手绘表现图中，水体主要有以下几种状态。

一、静态水面

　　水面有动、静之分，表现静态水面时，要画出水生植物和岸边植物在水中的倒影。倒影是对岸边景物的反映，刻画时可通过折线表现荡漾的水波。倒影通常采用概括性的表现方式，不需要完完全全地反映出所有细节。如果岸边的景物过于完整和清晰地呈现在水中，反而会让人产生不真实感。所以，刻画倒影时，要对其进行适当的变形。

　　倒影的形状要符合画面的透视关系，倒影的内容是距离水岸近的景物，有的景物距离水岸过远，就不要表现了。刻画的时候要注意，倒影的折线不能过于近似。离岸边近的折线应画得紧凑一些，离岸边远的折线，即收尾处的线条要画得松散一些、短一些，用笔时的力度要小一些，这样比较自然。

　　在绘制表现图时，水面的大部分区域通常是空白不画的，切记画任何水体都不可画多。

静态水面表现图：这张表现图是学生上课时的习作。建议水面适当留白，增加水体的通透感，用马克笔将水体全部涂满的画法不可取。

静态水面表现图　　　　　　　不同风格的静态水面表现图

二、跌水

跌水表现图

　　跌水是指溪流等水体由上游渠道跌落入下游渠道时所形成的景观，以小型瀑布最为典型。根据落差大小的不同，设计时可选择单级跌水，也可采用多级跌水。刻画时，要力求表现出水体流动过程中的自然动感。手绘跌水要预先留白，再描绘水流的缝隙。水的流向可以通过扫笔来表现，快速地画出细线，线条尽量少一些，不能过多过密。表现跌水应以预留出的空白为主体，跌水的边缘处可适当虚化处理。

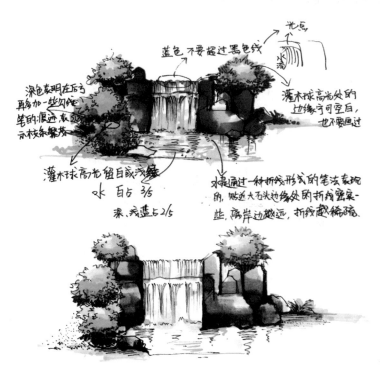

跌水表现解析

三、喷泉

喷泉的种类很多，但基本上可以概括为两种形式。

一种是水柱喷射轨迹呈抛物线形式的喷泉。表现这种喷泉要预先留出空白，并对水体边缘稍加强调，最后可用橡皮、水粉白、修正液、高光笔等工具修整其形态，以突出水柱的体积感。

另一种是喷涌效果的喷泉，这是较常见的喷泉形式。此类喷泉的设计强调自然效果，水泵以高低错落的形式分散点缀于水面。绘制这种喷泉时，为了突出"涌"的效果，最好先用圆润的曲线勾勒出水体的形体轮廓。刻画喷涌效果时还需注意，四周飞溅的水花要形态各异，水面涌动的起伏不能过分夸张，以免影响水柱的整体形态。

喷泉水体表现图

水体表现

四、水体与石头

水围绕山转，山因水而活。山体会因为水体的存在而不显呆板。中国园林即是筑山、理水、挖池的自然山水园林。石头与水体总是相互映衬、紧密相连的，石头通常出现在水岸的边界上。水边的石头形态各异且成组出现，表现时要注意大小搭配和组群关系，尽量不要单独放置石块。因水流的冲刷作用，水边的石头多为椭圆形。此类石头的表现，要在塑造圆润形态的同时，力求刻画出其坚硬感，可适当描绘水晕效果，切记不可画多，过多的倒影会使水面显得凌乱。石头与水体搭配的重点是力求突出石头的硬与水体的软。

水体与石头线稿

用钢笔表现水体与石头

不同手绘方法表现的彩色景墙和水体

五、枯山水与石头

日式园林场景中常出现枯山水。它实际上是对沙与石的刻画，重点是突出细腻的沙与坚硬的石头之间质感上的对比。表现沙时要着重强调外轮廓，场地的中间部分可省略不画。

着淡色的枯山水　　　　　　　　　枯山水常与孤植树木搭配组合

仅通过黑、灰、白表现的枯山水，效果不佳。

第三节 植物

环境设计离不开植物的配置。绿植除了可以美化环境，还具有各种实用价值。世界上的植物种类超过 40 万种，高等植物有 20 万种以上，我国有高等植物 3 万余种。在植物的等级系统中，最高级是界，接着是门、纲、目、科、属、种。一个或几个种组成属，一个或几个属组成科，以此类推。植物学是一门深奥的学科，园林景观设计的初学者常常不知从何入手。其实，我们并非要去从事专门的植物学研究，只需大体了解植物的分类，掌握一些常用植物的表现方式即可。

为了使初学者能更好地识别和使用植物，本书在附录部分对环境设计中的常用植物进行了较详细的讲解。对于那些形态上比较相似的植物，学习者需要在练习过程中总结绘制要点，体会如何利用线条样式的变化表达植物的特征。

一、乔木

乔木分布广泛，陆地上的大多数地方有乔木生长，包括环境恶劣的沙漠。但从整体上看，乔木分布最多的还是环境温暖湿润的大陆。

乔木树身高大，有一个直立的主干，树干和树冠之间有明显的区分。根据主干高度的不同，乔木可分为四个等级，高度 6—10 米的乔木通常被称为小乔，是室外环境中最常见的；11—20 米的乔木被称为中乔；21—30 米的乔木为大乔；31 米以上的为伟乔。乔木的垂直高度越高价钱越贵，如果要在一块场地中种植 20 米以上的大乔，就会涉及大树移植的问题。大树移植到新场地后，其成活率和生长情况都是很复杂的，所以在一般的场地设计中应尽量避免进行大树移植。

乔木按冬季落叶与否，又分为常绿乔木和落叶乔木两种。常绿乔木树冠到地面的距离很小，而落叶乔木树冠到地面的距离比较大。通常情况下，这两种乔木在场地中要搭配种植。若一个居住区的规划设计中全部采用常绿乔木，那么，该区域的公共空间将被包裹得很"严实"。这会导致空间的私密性极强，从安全角度来说，反而容易引发犯罪。而若将常绿乔木和落叶乔木搭配种植，到了冬天，一片绿色的常绿乔木配以落叶乔木的树干，也避免了场景的单调。

手绘表现落叶乔木时，先画主干，再画主权和分枝，最后画树冠。主权不能过多，两三根就够，要注意上细下粗。主权与分枝之间要有明显的粗细对比，至少要分出三种粗度的级别。

群植的茂盛常绿乔木树丛一般作为画面的中景或远景，描绘出整体形象即可，不必逐一地刻画，以免画面琐碎。

常绿乔木，如雪松、云杉、冷杉等，都属于塔形树。塔形树在实际运用中的表现方式是非常概括的，重点是要突出它们的轮廓特征和体积感，不需要太过细致的描绘。常绿乔木在环境设计中往往作为点缀树形，高低错落、两三棵一组地出现，如大面积使用则会破坏画面效果。

在环境手绘图中，乔木多以组合形式出现，组合方式可以是对植、列植、群植，

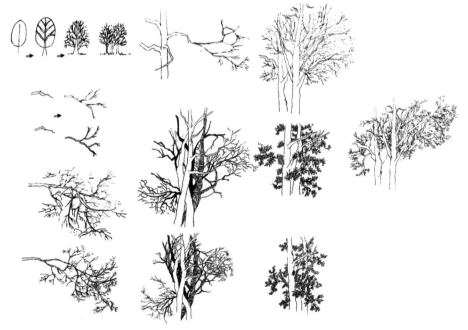

乔木分枝的画法：树的主干应上细下粗。树干分枝要有变化，贴近主干的部分应略粗。树干分枝分前后和左右，靠近观者的分枝应详细表现，后面的分枝只需要表现其轮廓特征，不用做细致描绘。主干左右两侧的分枝数量不要过于均等，应符合树木的自然形态特征。树枝的变化要乱中有序，疏密得当，长枝条和短枝条结合。

硫酸纸

打印纸

白卡纸

使用彩铅和马克笔在硫酸纸、打印纸、白卡纸上表现同一种植物得到的不同效果。

也可以是孤植。孤植树在手绘表现中更易营造出独特的效果。孤植指孤立种植乔木或灌木，但并不是说只能栽一棵树，重点是在绿地平面构图的中心和园林空间的视觉中心地带成为主景。有时为了增强繁茂的感觉，常将 2—3 株同一品种的树木紧密地种在一起，形成一个单元，宛如一株多杆丛生的大树，这也被称为孤植树。孤植树具有标志性、导向性和装饰作用。

孤植可以选择轮廓端正、个体优美、体形巨大、树龄较长、花繁实累、色彩鲜明、具有浓郁芳香或树种比较罕见的优型树。常见的孤植树木有观赏树形的，如轮廓明晰的雪松、姿态丰富的五针松；也有观赏树皮的白皮松、紫花泡桐；观赏花朵的白玉兰、广玉兰；还有主要赏叶色的银杏、槭树等。还需注意，孤植树应选择生长能力旺盛、寿命长、虫害少、适应当地土壤条件的树种。

孤植树在环境设计中主要是作为观赏的主景或建设物的背景，通常被置于开阔的场地，如空地、岛屿、岸边、桥头、转弯处、山坡的突出部位、休息广场、树林空地等，会起到画龙点睛的作用。从生长的角度来说，这些地点可以保证孤植树的树冠有足够的生长空间。从观赏的角度来说，开阔的场地环境可以为人们提供一个适合观赏的视距。孤植树在以草坪、群植树为背景时更容易突显出来，因为草坪、群植树的色彩相对单纯，可以衬托出孤植树在树形、叶色方面的特色。孤植树虽数量较少，但在园林空间中并不是孤立的，它与周围的景物统一于整体构图之中。

二、灌木

灌木由基部发出多条枝干，没有明显的主干，呈丛生状态，体型低矮，常与高大的乔木搭配在一起。

大连市中山区人民路商场门口的多丛灌木被修剪成了绿篱，其中放置的无彩色系金属质感小雕塑与绿篱在色彩和质感上都形成了对比。

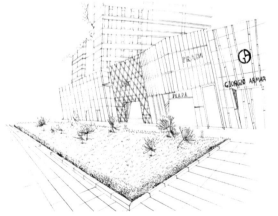

根据大连市中山区人民路商店的实景照片，使用针管笔绘制线稿，再用马克笔着色。

典型乔木、灌木的手绘线稿

三、花卉

　　花卉大多铺设在屋前、路边，常以丛植的形式出现，可烘托幽雅的环境氛围。绘制表现图时，花丛多安排于画面的边角，作为近景的装饰，中、远景处通常不画花丛。当一张环境手绘图的表现重点是植物所营造出的氛围时，可对花卉进行细致、写实的刻画。而在另外一些情况下，为了防止过于艳丽的花草冲淡作为表现主体的建筑物的感染力，则会对其进行概括处理。

四、草坪

草坪要整体刻画，强调块面感，不需要细致地描绘局部。草坪可以强化画面的开阔感，并借助透视向无限远处伸展，在环境表现图中具有抒情意味。

使用彩色铅笔表现草坪

使用马克笔表现草坪

五、植物组合

　　园林中植物组合的手绘表现，通常以繁茂的树叶塑造体积感，以概括的笔法表现枝干。在环境表现图中，乔木、灌木等植物组合较为常见。

园林植物组合线稿

使用马克笔表现的园林植物组合

六、植物的不同表现手法

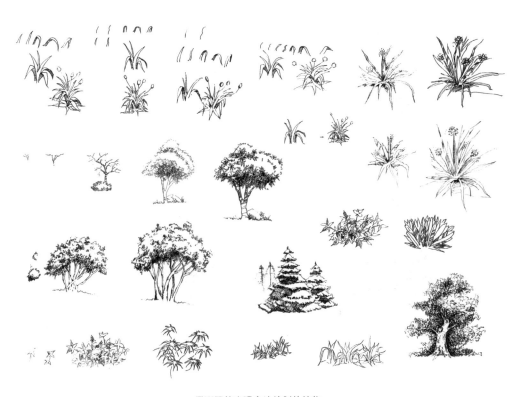

用不同的表现方法绘制的植物

用不同的手绘线条表现同一带植物场景

七、环境表现图中四种典型的树形

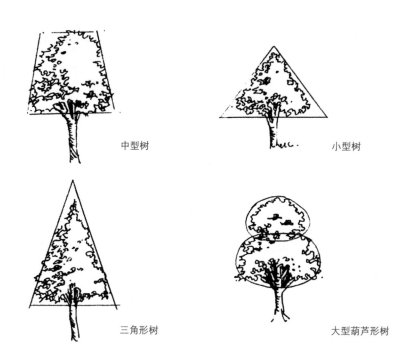

中型树

小型树

三角形树

大型葫芦形树

第四节　建筑

　　练习绘制建筑较好的方法是画视觉笔记式的速写，其表现形式可以以线条为主，也可以明暗调子为主，或者将二者结合。

　　以线条为主的表现形式可以更加清晰地呈现出建筑的形体结构，使画面简洁明快。通过不同特性的线条，创作者还可以表现出建筑的不同风格。我们可以从线条的粗细、疏密、远近、软硬、流畅程度五个方面来具体分析在一张主要表现建筑的环境手绘图中怎样画线。首先，较浓重的线条可选用 0.2mm 的针管笔一次性完成绘制，建筑的边线不适合被反复描画，否则容易产生不利落的感觉。建筑次要部分较细的线条与主体的粗线条之间应形成对比，这样做可以增强画面的空间感，细线可选用 0.05mm 的针管笔绘制。第二，主体部分、设计亮点部分的线条可以密集一些。第三,线条的软硬可以表现环境元素的远近。画远景时,用笔放松,线条可以简化一些,只勾勒环境元素的大体轮廓即可,以此衬托画面主体。而画近景建筑的轮廓时,线条要清晰,刚劲的粗线条可以表现建筑的坚固。第四,线条的软硬还可以表现环境元素的质感。与建筑搭配的环境元素一般是植物。植物的外形自然,不是特别的规则,因此时而断开、时而相连的虚线可以更好地体现它相对柔软的质地。第五,进行建筑体块绘制时,重要的结构线应流畅清晰、果断有力,线条相接时可微微停顿。而手绘表现建筑的门窗、材质线、阴影线时可略微放松,所用力度不可超过结构线。

光线照射在建筑上会产生变化丰富的明暗面。以明暗调子为主的表现形式适合强调建筑形体的空间关系,不适合刻画具体的材质。

在大多数情况下,线条与明暗调子的表现形式会结合使用。另外,色彩也是表现建筑的重要元素。粗细变化的线条与明暗调子的组合有助于表现建筑立面质感的变化,淡彩着色比单色稿更生动、形象,更有视觉冲击力。

明、暗部对比强烈的景物

鸟瞰建筑,马克笔着色,色彩浓烈。

更多建筑手绘表现图,请扫描二维码观看。

第五节　地面铺装

地面虽无复杂的造型，但因时间的朝暮变化、天气的阴晴不同，以及环境气氛的差异，平淡无奇的路面也会产生生动、丰富的变化。

根据地面平坦程度的不同，手绘时要选择不同的表现手法。表现比较平坦的路面时，用颜色平涂就可以，不需要做很多复杂的处理。绘制有起伏的路面时，则需要加入适当的明暗处理，如地砖的缝隙应比砖面的颜色略深，以表现出凹陷的感觉。

环境手绘图中对地面铺装的表现一般是比较概括的，关键是抓住不同材质地面的特征。石板、卵石、地砖、木板是环境设计中常用的铺装材料。要特别注意的是，无论何种铺装形式，都要注意收边处理，这样会使画面细节更加丰富。地面铺装尽量不要画满，特别对近景部分要适当省略。下面具体讲解六种典型铺装的表现方法。

一、水泥和沥青地面

水泥和沥青铺设的地面较粗糙、厚实且有起伏，颜色属冷灰色系，但由于明度不同，呈现出深浅不同的灰色。给此类地面上色时有一个小窍门，即先用一块干净的硬质橡皮擦纸面，使纸张的表面略微起毛，然后将大号水彩笔或水粉笔沾满水，采用湿画方法，由远到近绘制路面。此方法会使纸面上有小小的颗粒，待画纸完全干透、水彩沉淀，纸张表面的小麻点会生动地表现出水泥和沥青的质感。此法也比较适合用来表现砂地、泥地、土坡等。

二、石板地面

石板材料单看都比较平坦，但铺成的地面仍有起伏，且每块石板的边缘是有变化的。石板之间凹陷的缝隙要用深色表现。根据近大远小的透视原理，近景石板的面积应大于远景石板的面积，视点高度越低，石板的透视变化越大。

给石板地面上色时可先用冷灰色系水彩整体平涂，水彩稍干时，再用较干的水彩笔以深灰色划分石板边缘，区分每块石板的轮廓。如果画一次效果不理想，需要补画一次，可使用叠加的方法加强近处的暗面和隙缝。需要注意的是，尽量不要等到整体平涂的浅灰色完全干透后再刻画石板边缘的棱角，否则效果会很不自然。

地面的表现

三、卵石地面

卵石地面起伏很大，表现时可先在湿底上勾画出卵石的轮廓，再使用叠加画法加强卵石的暗面，卵石之间隙缝的颜色也要深一些，即暗面和缝隙都保持低明度。卵石的高光不要完全留白，应施以淡彩，否则画面效果太突兀。需要注意的是，不必每一个卵石都勾画，要以画面的整体效果为重。

四、水磨石地面

水磨石地面的画法近似于卵石地面，尽量保持笔干燥，用较干的颜色以点彩的画法在湿底上点缀水磨石的碎点即可。

五、木质地面

木质地面属于较有起伏的，如亲水平台的木质栈道和木桥，颜色为低明度的黄褐色系，需要精细刻画木头的特殊纹理和质感。室外的木质地面因经过防腐处理，要画出光泽感。环境手绘图中常使用彩铅、马克笔等上色工具表现木质栈道。

木桥的表现

六、屋顶花园的地面

　　除以上 5 种比较典型的地面铺装方式外，还有一种比较特殊的情况，就是屋顶花园的地面。屋顶花园的土壤层比较薄，不适合种植高大的乔木，主要种植一些低矮的、浅根系的小乔木和灌木，这种特殊的地面条件决定了屋顶花园的植物配置相对单调。在手绘屋顶花园的环境表现图时，由于植物在高差上变化很小，因此更需要在地面铺装上做精细的描绘，避免画面太空。但是需要注意，充分表现铺装的细节并不是说要像画油画那样，一笔一画地精细描绘出所有的内容，而是要有重点地表现。真实的如同一张照片的手绘表现图纸并没有感染力，无法起到传达设计理念的作用。

　　总而言之，地面铺装的表现并无定法，要根据具体情况确定。

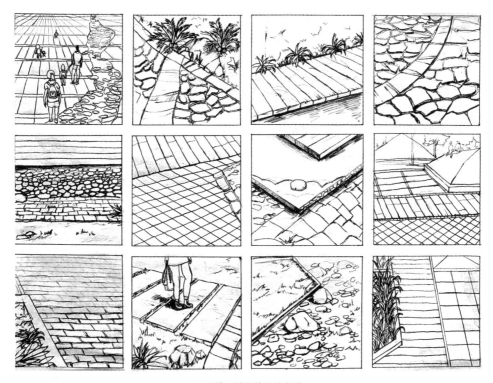

不同地面铺装的手绘表现

第六节　雕塑小品

　　在环境设计中，小品多指小型的建筑设施及公共艺术品。小品是环境设计中的视觉亮点，它体量较小，具有实用性和观赏性。雕塑小品在环境设计中使用广泛，其主要类别有纪念性雕塑、主题性雕塑、装饰性雕塑、标志性雕塑和展览陈设性雕塑等。需注意，同一雕塑小品在不同的光线照射下，所呈现的冷、暖色调不同。

雕塑小品手绘图

偏冷色调的雕塑小品手绘图

更多雕塑小品手绘
表现图，请扫描二
维码观看。

偏暖色调的雕塑小品手绘图

第五章 | Chapter 5
环境配景的表现

一张环境手绘表现图中只有主体元素是不够的，还必须有与画面风格协调的配景来映衬主景。这样才能使主体元素在特定的环境中更加突出，从而拉开画面的层次感。配景与主景同样重要，配景画得不到位，画面就会显得空洞、不耐看。对整个场景的氛围营造而言，配景必不可少。

配景使画面完整，有利于建构起一个具有真实感的环境空间。配景主要包括人物、车辆、路灯、栏杆、天空、云彩、飞鸟、气球、彩旗、远处山脉、树木丛林等，它们在繁复程度不同的画面中被用来烘托整体效果。

掌握场景的营造技巧要靠平时的积累，应先从最基本的练起，可挑选一些自己感兴趣的图片，作为练习的素材。在短时间内需要画出一张不错的环境表现图时，可以使用平时准备好的景观小元素来丰富画面效果。下面分类介绍几种常用配景。

第一节　人物

人物是环境手绘表现图中重要的配景元素，其作用包括以下几点。第一，人物可以作为比例尺的参照物，观者通过画面中人物的高度可以判断环境中建筑和植物的真实高度。第二，人物配景可以平衡构图。当表现建筑、植物的一侧画面所用笔墨过多时，可以在另外一侧添加人物平衡画面效果。第三，人物可以营造环境气氛，使画面更有人情味。不同种族、性别、年龄、职业、动作的人物能够使画面更加丰富、生动。根据场地的类型、场景的用途画出相应的符合情景的人物，会让人有身临其境的感受。尤其是在商业场地的环境表现图中，人物会起到活跃画面气氛的作用。需注意的是，通常不画身着奇装异服的人，那样会分散表现图的主题。在大型公共建筑和商业建筑的入口附近，画些川流不息的人群，在环境幽雅的住宅入口处

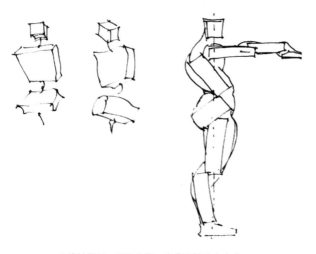

设置一两个人物，都能为环境表现图增添生活气息。

手绘人物配景可以通过观察照片上人物的动态来加强练习，还可以在美术用品店购买一个20厘米高的、可活动的木质人偶，给它摆出不同的动态，模拟人物在画面中的姿势，可坐、可站立、可行走，以辅助练习。

人体结构图，可将头部、身体归纳为立方体。

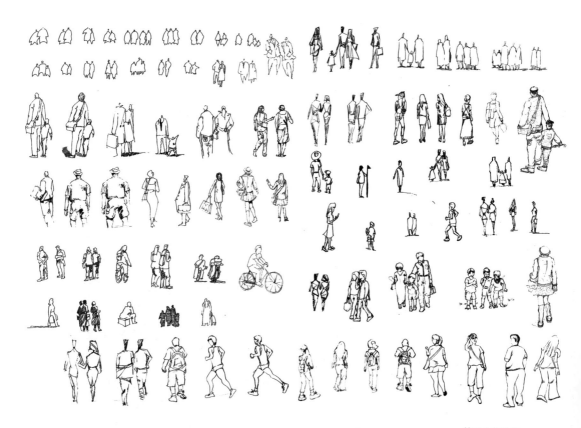

简易人物绘图

　　人物配景可分为近景、中景、远景三个层次，近景人物高大，远景人物小一些。在环境手绘表现图的近、中、远景三个层次中，人物头顶的高度要基本保持一致。

　　构图时，近景人物因为距离观者最近，一般只需画出上半身的背影，过于详细地表现人物正面容易分散视觉中心。近景人物的数量最多是两个，位置在画面的非中心，即左下角或右下角。中景人物在画面中的位置可略微分散，人物的运动方向可以多样。远景人物在表现时不做太多的描绘，画出剪影即可，以免抢夺主体。远景人物应尽量居于画面的构图中心或离表现的重点近一些。

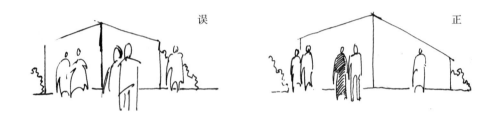

近、中、远景人物在画面中的摆放位置和数量

　　与此同时，要避免近景人物虽未占据画面中心，但处于建筑主要表现面的一侧的画法。因为这样的位置安排会使人感觉应重点表现的建筑变成了配景，在衬托近景人物。如果将画面调整为近景人物呈现背影，朝着建筑走去，则会使人清晰明了画面要传达的含义，画面也会因人物的存在而更加生动。

　　人物的摆放要尽量遵循成组放置的原则，树木的配置也同理。初学者要在画面中添加人物，最简单的方法就是画一个成年男人和一个成年女人，他们两人中间拉着一个小孩，小孩的身高是半人高。这个组合是手绘表现图中常用的，因为它既使人物有了群组关系，又使人物在高度上有所变化，能快速营造出画面氛围。

　　练习绘制人物配景还有一个方法，就是准备自己的人物图库。将平时画好的人物扫描后，存在电脑中备用。若没有扫描设备，可用照相机或手机拍一张清晰的照片，然后在 Photoshop 电脑软件中进行简单处理。绘制环境表现图中的人物配景时，可先在 Photoshop 软件里将之前画好的人物贴在扫描的手绘画面上，再处理人物间的关系。需注意，人物身体间的重叠可使画面更加生动。这种方法可以在较短时间内使画面内容丰富起来。

更多手绘人物，请
扫描二维码观看。

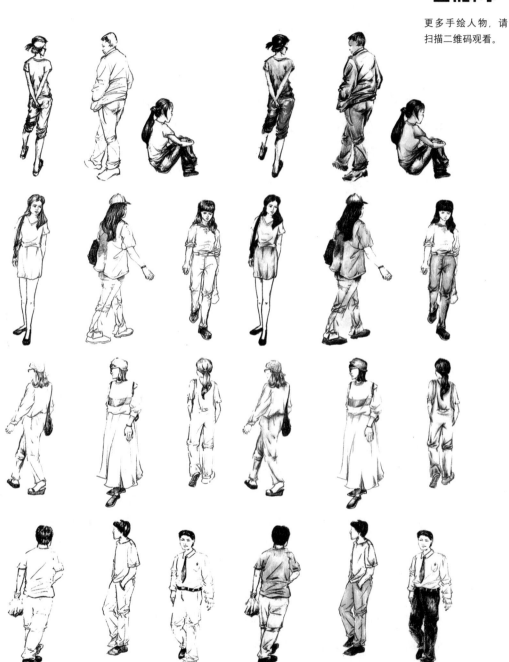

环境手绘图中人物配景的表现

第二节　汽车

　　汽车的结构复杂，绘制汽车对初学者来说是有困难的，但它是练笔的好对象，有助于理解形体的组合及其比例关系。汽车的造型不论怎么变化，都是符合立方体的基本特点的。因此，将复杂的车体结构都看作立方体去画，就会容易一些。

简单的汽车绘制步骤：从车窗画起，由上而下，最后画轮胎。

　　初学者练习手绘汽车前，可以准备一本汽车杂志，或者在网上下载不同透视角度的汽车图片，远景和近景的都选择一些，然后以黑白模式打印出来。绘制时，将比较薄的打印纸或硫酸纸蒙在杂志或打印出的图片上，描出汽车的外轮廓和主要的结构线条，在描画的过程中，可适当简化线条。

　　绘制汽车时，需注意其在表现图中与建筑、人物的比例关系，过大或过小都会影响画面效果。近景的车要大些，画得要细致，中、远景的车的线条要简化。环境表现图中车辆的款式应是日常生活中常见的，不能单纯追求汽车单体的表现效果，那样会分散表现图的主题。

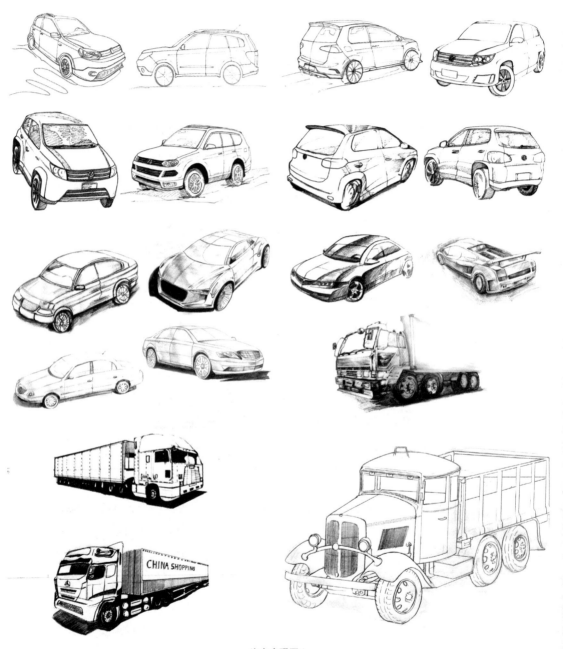

汽车表现图 1

汽车表现图 2

在环境手绘表现图中，汽车可以使空荡荡的广场和道路变得丰富、饱满。表现城市道路环境时，可以通过添加汽车营造车水马龙、繁忙喧闹的氛围。在大型公共建筑和商业建筑的入口处附近停放几辆排列整齐的车辆，或者在建筑前方的马路上适当安置少量行驶着的车辆，会使画面显得更加丰富。在环境幽雅的住宅入口处的道旁放置一辆汽车，可以增添生活气息。

第三节　天空和远山

室外环境的手绘表现图只要视平线不是过高，画面中都会出现天空。天空的色彩、云朵的形状能透露时间和气候信息，表现不同的情调和意境，有助于环境手绘图的表达。

在一幅室外环境手绘表现图中，如果建筑物占整张画面的面积较小，周围没有其他的建筑，也没有高大的行道树木或其他配景，那么，就不适合绘制造型简洁的天空，因为会让画面显得单薄和空洞。绘制这类画面时，比较合适在天空中衬以漂浮多变的白色云朵，以丰富天空的层次，从而营造画面的氛围。反之，建筑物的体积庞大、造型复杂多变、占整张画面的面积较大时，就应突出表现建筑物的造型特征，简化配景的表现。如云朵和天空的细微变化过于复杂，就会削减画面主体的表现力，分散主题。此时，衬以宁静的天空，更能突出画面的主体。有时，画云朵和晚霞也要考虑透视变化，若能使透视消失方向与建筑物一致，就会加强画面的空间感。

总之，天空在室外环境手绘表现图中往往所占的面积较大，且常与远山组合在一起，起着衬托画面氛围的作用。刻画时，应根据表现主体所占画面的面积和复杂程度来决定在天空上用多少笔墨。

山体一般作为环境表现图的远景出现，在画面中起烘托主体的作用。画手绘图时，应注意表现山体立体感的分寸，不可刻画过度，将山体外形的连绵起伏感表现出来即可。远山的色彩饱和度要低，绘制时走笔速度要快，线条要流畅，这样能使画面中的山体显得更远。总之，远处山体不要多画，点到即可。

天空、远山的电脑效果图

四季不同的山色

天空、远山的手绘效果图 1

天空、远山的手绘效果图 2

更多天空、远山手绘效果图，请扫描二维码观看。

第四节　其他环境配景

天空、飞鸟的手绘效果图

热气球手绘效果图

垃圾桶手绘效果图

户外灯手绘效果图

更多环境配景手绘表现图，请扫描二维码观看。

第六章｜Chapter 6
透视与构图

第一节　透视的定义

　　想象透过一个透明的平面去看景物，将所见景物准确地描画在这个平面上，由此所形成的画面即该景物的透视图。绘制环境透视图，即依据透视和几何原理，运用绘图工具将环境中的各个元素呈现在画纸上。

　　透视的三要素是眼睛、物体和画面。眼睛是透视的主体，是透视形成的主观条件。物体是透视的客体，是构成透视图形的客观依据。画面是透视的媒介，是透视图形的载体。

　　根据观察者与被观察对象之间的距离、位置等因素，透视可总结出一定的规律，即近大远小、近疏远密、近宽远窄、近高远低。

　　下面介绍几个与透视相关的概念：

　　视点：视者眼睛的位置，即观察点。人的高度不同，视点也不同。在绘制环境表现图时，为了让空间显得大，有时会降低视点的高度，以小孩的视角观察环境。

　　基面：放置物体的水平面或地平面。

　　足点：视者在基面上的垂直落点。

　　基线：画面与基面的交线。

　　心点：视点在画面上的垂直落点。

　　正中线：过心点的垂直线。

　　视线：视点到物体周边之间的假想线。

　　视平线：视者平视物体经心点时所形成的水平线。

　　视中线：连接心点与视点的直线。

　　距点：将视中线的一端从心点沿视平线分别向左右移动，使其停留在视平线上的两点，心点到这两点的距离等于视点到画面的距离，这两点即距点。

余点：将视中线的一端从心点沿视平线分别向左右移动，使其停留在视平线上的两点，此时，视点到这两点的连线成90°角，这两点即为余点。

灭点：也称消失点，是空间中相互平行的变线在画面上汇集到视平线上的交叉点。

测点：也称量点，是用来求算透视中进深和纵深尺度的测量点，视点到余点的距离等于测点到该余点的距离。

进深：在平行透视中，视线出发点与要表现的最远环境元素之间的距离。

纵深：在两点透视中，物体向两个灭点消失的透视距离。

视域：人眼在观察时形成的一定的观察范围。

真高线：透视中的高度基准线。

天点：近低远高向上倾斜线段的消失点，在视平线上方的直立灭线上。

地点：近高远低向下倾斜线段的消失点，在视平线下方的直立灭线上。

环境手绘表现图成功与否，透视是关键，透视关系明确了，画面看着才舒服。绘图前，应先确定好透视关系，再去研究线条的流畅和构图的均衡。

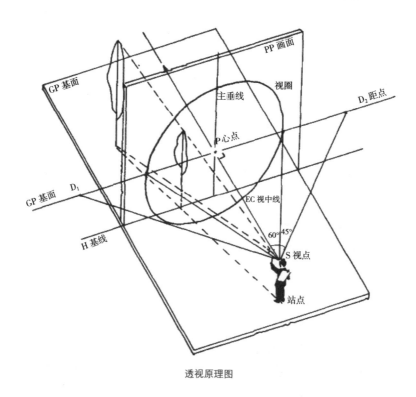

透视原理图

第二节　透视图的分类及画法

　　绘制环境表现图时，常用的透视类型有一点透视、两点透视、三点透视和散点透视。一点透视的画面空间里只有一个灭点，散点透视的画面里则有多个灭点。散点透视在真实的环境空间中是不存在的，中国的水墨画中却常用。画家通过散点透视可以将多个小场景融入一个大环境中。本节主要对较基础的一点透视和两点透视做详细解析。

一、一点（平行）透视

　　一点透视也叫平行透视，表现室内环境时较常用。下面以如何在一个 3m×4m×5m 的空间内绘制 1m×1m×1m 的立方体为例，具体讲解一下一点透视的作图方法。

步骤 1：如图所示，在画纸中间绘制一条 3 等分的线段，表示空间高 3m。再绘制一条直线，即视平线，设定视平线高 1.1m。

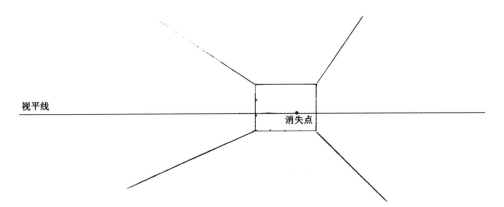

步骤 2：按比例绘制一个 3m×4m 的长方形，将消失点（灭点）定在长方形中视平线线段的右 1/3 处。从消失点分别向长方形四个角引线。

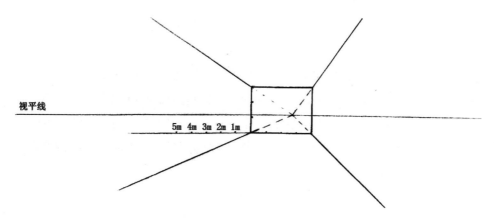

步骤3：沿长方形底边向左绘制一条5m长的5等分线段。

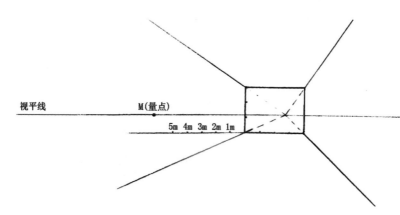

步骤4：在视平线上左侧5m以外处定任一点M，作为量点。

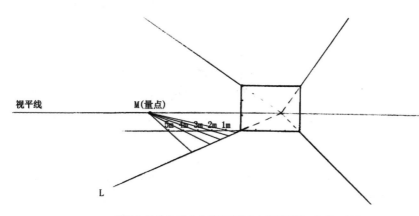

步骤5：从量点M向5等分线段节点分别引线，与线L相交。

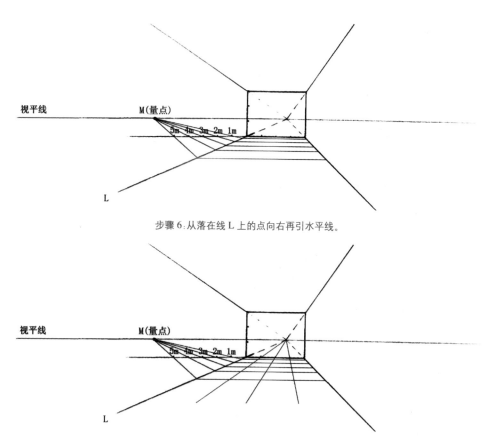

步骤 6：从落在线 L 上的点向右再引水平线。

步骤 7：从消失点向长方形底边的 4 等分点引线，与上一步绘制的水平线相交，形成由 1m×1m 的方形组成的平面网格。

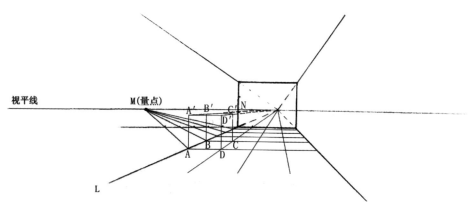

步骤 8：从消失点向长方形高方向上的 3 等分点 N 引线，与由网格上 A 点向上引的垂直线交于点 A'，与由网格上 B 点向上引的垂直线交于点 B'。过点 A' 向右引平行线，与 D 点向上引的垂直线交于点 D'。从点 D' 向消失点引线，与 C 点向上引的垂直线交于点 C'。此时，一个以 ABCD 为底面的 1m×1m×1m 的一点透视立方体就形成了。它可以被视为 3m×4m×5m 空间中的任一物体。同理，空间中其他尺寸的物体也可依此法画出。

二、两点（成角）透视

两点透视也叫成角透视，使用此透视绘制的画面更加形象、生动。下面以一个 3m×4m×4m 的空间为例，具体讲解一下作图步骤。

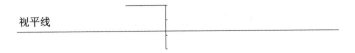

步骤 1：如图所示，在画纸中间绘制一条 3 等分线段，表示空间高 3m。再绘制一条直线，即视平线。设定视平线高 1.3m。

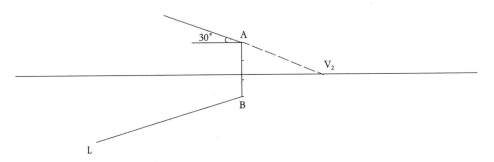

步骤 2：经过点 A 画与视平线成 30°夹角的直线，向右延伸与视平线相交得到灭点 V_2。经点 B 画与视平线成 30°夹角的直线 L。

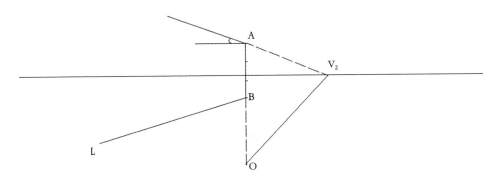

步骤 3：在垂直线 AB 下方确定任一点 O，将灭点 V_2 与点 O 连线。

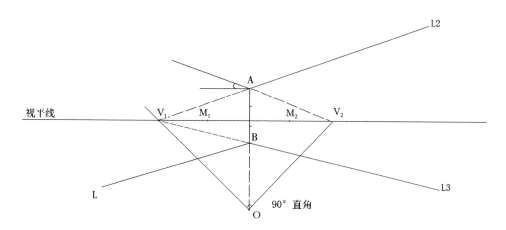

步骤 4：在视平线左侧确定消失点 V_1，保证角 V_1OV_2 为 90°，连接点 V_1 与点 A、B 可画出线 L2、L3。需注意，点 V_1 与点 V_2 的距离不宜过近。

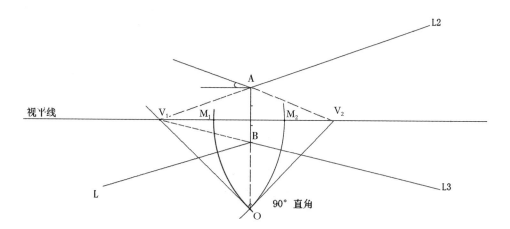

步骤 5：以点 V_2 为圆心，V_2O 长为半径画圆，交视平线于点 M_1，以 V_1 为圆心，V_1O 为半径画圆，交视平线于点 M_2。

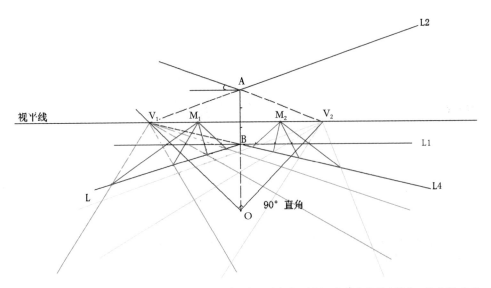

步骤 6：过点 B 画一条与视平线平行的直线 L4，并以点 B 为起点，以 1m 为单位将其 4 等分。从点 M_1 向 B 点左侧 4 个等分点引线，与线 L 相交。从点 M_2 向 B 点右侧 4 个等分点引线，与线 L3 相交。从点 V_1 向线 L 上交点引线，从点 V_2 向线 L3 上交点引线，形成由 1m×1m 的方形组成的平面网格。

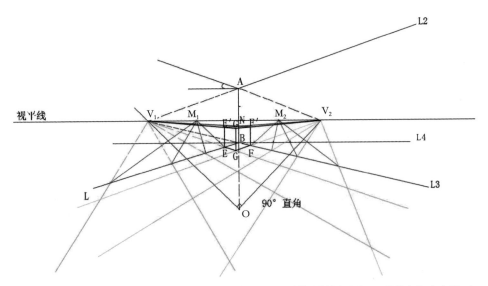

步骤 7：连接点 V_2 与线 AB 的三等分点 N，与由网格上 E 点向上引的垂直线交于点 E'。连接点 V_1 与点 N，与由网格上 F 点向上引的垂直线交于点 F'。连接点 V_1 与点 E，连接点 V_2 与点 F，相交于点 G。连接点 V_1 与点 E'，连接点 V_2 与点 F'，相较于点 G'。此时，一个以 EBFG 为底面的 1m×1m×1m 的两点透视立方体就形成了。它可以被视为 3m×4m×4m 空间内的任一物体。同理，空间中其他尺寸的物体可依此方法绘制。

第三节　视点位置的确定

绘制环境表现图时，视点高低、前后、左右的不同会对画面构图产生很大影响。本节就此问题展开分析。

一、视点高低变化对构图的影响

视点上下移动即视平线上下移动。同样的空间环境，站在低处观察与站在高处观察所得到的视觉感受会有很大差异。视平线是分割空间环境画面的基准线，它的高低位置不同会影响所绘景物的比例和透视。

图 a、b、c 是视平线分别在画面的高、中、低三个位置上时，人眼观察到的不同透视效果。图 a 中，视平线在画面中的位置较高，大部分环境元素都集中在视平线以下，形成了俯视的效果。视平线高，画面容易显得空旷，因此在表现较大的环境场景时，适合抬高视平线构图。图 b 中，视

平线的高度较低，接近地面，形成了仰视的效果。该画面中近大远小的透视效果更加明显，大部分环境元素集中在视平线上方，占据了画面的较大面积，画面的空间层次分明。视平线以下的环境元素只占据画面很小的面积。图 c 中，视点接近人的正常视高，视平线以上和以下的环境元素在画面中的比例相当，透视角度适中，给人一种稳定感。

不同视点高度的手绘小稿

高、中、低三个不同视点高度下的画面透视效果图

二、视点前后变化对构图的影响

除了高度的变化，视点前后的变化，即远近、深度的变化也会对构图产生影响。视点位置的前后要根据所要表现的环境元素在画面中的主次地位，以及环境元素之间的对比、协调关系而定。若视点距离所要重点表现的环境元素过近，不仅不能看见环境元素的全貌，还会导致画面中环境元素的变形。视点距离所要表现的环境元素过远，则无法突出重点。

在绘制室外环境表现图时，若视点较近，建筑物距离画面中的灭点也会相对较近。此时，画面近大远小的透视效果明显，进深感强，视觉冲击力大，建筑会显得高大挺拔。反之，若视点较远，建筑物距离画面中的灭点也会相对较远。此时，画面较平稳，更多的环境元素能够显现出来。

观者距离物体近
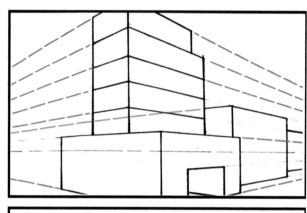

观者距离物体远
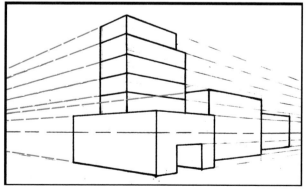

视点的前后变化

三、视点左右变化对构图的影响

通过心点做一条垂线，即正中线。正中线将画面中的景物分成左右两部分。当正中线分别位于画面偏左、偏右或中间时，画面中立方体的可视侧面面积会发生变化。构图时，可根据需要选择不同的正中线位置，正中线位置的左右移动即视点的左右移动。

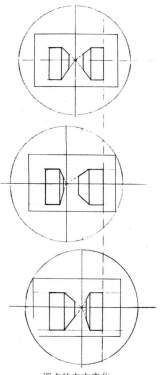

第四节　构图练习

构图训练的有效方法是写生练习。在最终确定表现图的构图前，可以多画几张小样。首先，用针管笔勾出环境中的主体和配景的主要线条，不必拘泥于细节。然后，使用粗线条和密集的线条表现暗部，拉开画面的黑、白、灰层次关系。可根据画面的黑、灰、白对比效果，尝试不同的构图样式。

视点的左右变化

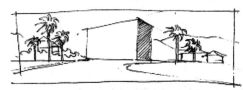

右图上方的挂角树将画面上方全部遮挡，画面有向下压的感觉，与之相比较，左图显得更空旷、伸展、开阔。通常，扁长形体的构图需要垂直感强的配景，画面会更和谐。

构图练习

　　同理，高耸的形体与竖向构图也需要横向感强的配景来搭配，才能更突出主体。进行构图时，应设置一些相互遮挡的物体，以形成从前景到远景逐层退后、配景体量依次缩小的效果。画面中景物的重叠有助于强调画面的纵深感。

第七章 | Chapter 7
园林景观表现图手绘步骤及范例

第一节 简单手绘表现图临摹步骤

一、绘制线稿

绘制线稿前，应先划分所要临摹的效果图的前景、中景和远景，可用铅笔以圆圈的形式勾画定块，如标记出哪里是乔木，哪里是灌木，哪里是水体。确定每一个主要元素在画面中的大体位置后，再用针管笔勾画出每个元素的具体形象特征，复印底稿待上色。

将所要临摹的效果图中的元素归纳为几大块，以圆圈勾画主要元素，再分别对其进行细致刻画。

线稿

二、确定色调

中景部分的元素上色前要确定手绘表现图的整体色调，水体可先留白不画。远景的色彩饱和度要低，否则会干扰画面中主要景物的表现。

给远处树木上色时，建议先铺一层灰底色，再上绿色，这样做有助于迅速调整环境色。灰色在空间上有退后的效果，背景颜色灰一些，将更亮、更深的绿色用到前景上，会使画面空间感更强。

先确定画面的整体色调，再逐一上色。

第二节　有高大乔木手绘图的临摹步骤

一、绘制线稿

中景树木是画面所要表现的主体，需要细致刻画。远景树木只需勾画轮廓，如做过于细致的描绘，容易抢夺观者视线，影响画面主体的表现。

线稿

二、确定色调

植物在不同季节，颜色有很大差异。画线稿前，要先确定这张手绘表现图所要表现的季节，如夏季植物的枝叶繁茂，冬季树木枝干的色彩相对单一等。

三、同类树种的不同处理手法

在一张表现图中，同一树种在多处出现的情况是很多见的。但是，不能把同一树种的每棵树都画得一模一样，这样会使画面看上去呆板。应尽量做到既能看出是同一个树种，每棵树又有变化，比如枝条的数量和位置、枝叶的繁茂程度等都可以有所不同。

通过给高大乔木着色确定画面的色调

四、远景植物的表现

远景植物的形体轮廓线要相对概括，色彩的变化较近景植物少，饱和度也相对低一些，这样才能拉开画面的空间感。

对同一树种的高大乔木的处理

远景灌木的表现

五、最后修整画面

由于马克笔的不可修改性，在一幅手绘图完成后，难免会在画纸上留下几处不满意的地方。这时，可以将手绘图扫描或拍照，在 Photoshop 软件里进行后期处理。强化光源位置可以使树木的光感更强，另外，提高水体的明度、降低远景植物的色彩饱和度等都是常用的方法。

修整画面

第三节　取景框与视点的确定方法

取景框分横向和竖向两种。一般情况下，横向取景能比较全面地反映场景，收纳较多主体以外的景物来映衬主体，而竖向取景更适合表现场景的局部特征。采取哪种取景方式，应根据手绘图所要表现的题材确定。取景好坏是一幅手绘表现图成功与否的关键。下面，以实例讲解如何确定取景框。

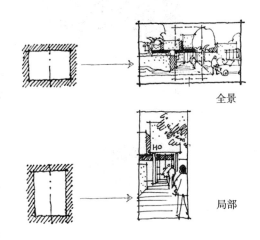

全景

局部

横向取景和竖向取景

首先，要确定取景范围。下图是流水别墅的三张实景照片，它们都采取了横向取景的形式，但取景范围却不相同，所以给人的视觉感受也是不一样的。A 图的取景范围最小，是视点距离表现主体最近的一张，仅能反映建筑元素，画面

流水别墅的三张实景照片

相对单一。B 图的取景范围较 A 图大一些，视点距离主体稍远，能反映建筑主体及周边部分场景，与 A 图相比，B 图画面内容较为丰富。C 图的取景范围最大，不仅能反映主体建筑的全貌，还将建筑周边的山石、水体和植物收纳到了画面中，内容最为丰富、生动。

不同取景范围的手绘表现图

　　根据上述三张实景照片手绘的环境表现图可以帮助大家更直观地理解画面的取景问题。a 图是对流水别墅近景的描绘，对建筑材质的刻画比较具体。b 图的取景范围较 a 图大，相应增加了对建筑周边物体的描绘，画面看起来比 a 图丰富。c 图的取景范围最大，所表现的场景是最丰富的，画面也因此生动了许多。

　　下面四张图都是一点透视。A 图视点居中，说明两侧都很重要，都需要表现，强调了空间的深度。B 图视点有所偏移，表现有所侧重，非正中的观察点使画面更具视觉张力。C 图视点居中，说明树木序列与建筑立面同等重要。D 图视点偏左，强调右侧的建筑，树木序列仅作为空间的限定，画面更具视觉冲击力。

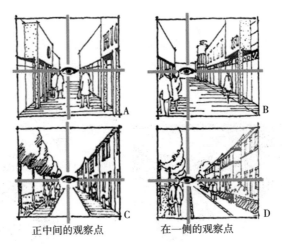

正中间的观察点　　　　在一侧的观察点

不同的视点位置

第四节　现代园林景观表现图的绘制步骤

下面以一张现代园林小景观表现图为例，讲解线稿的绘制步骤及使用不同绘画工具获得的不同画面效果。

一、分析照片

廊架的实景照片

这幅实景照片是典型的一点透视，由于视点过于居中，画面显得呆板。因此，在绘制该场景的表现图时，可将视点左移，加强画面的视觉张力。

二、绘制线稿

　　绘制环境效果图的线稿时，可先用铅笔起稿，然后用针管笔描画，确定线条。具体绘制时，可以从前往后画，先把前景画好，前景压中景，中景压后景，这样层次关系会比较清楚；也可以从左往右画；还可以先从建筑或者植物开始画，通常根据个人习惯选择。

　　下面这幅现代园林小景观表现图例就是先从前景画起，再画中景，最后画远景。画廊架时，可以用尺规，也可以徒手。图例中的廊架部分绘制时用了尺子，如不用尺子，用笔需尽量肯定，不可含糊、犹豫。直线若一笔画不到位，可以中间断开一下。走笔时要有一定的速度，这样画出的线比较挺。即使有的部分不是非常直，从整体上看效果却不错。画植物时，线条可以活泼一些，允许有些松散、放松的地方。植物群落里的石头因为质感比较硬，所以需要用更硬些的线条来表现。应尽量呈现出石头和植物之间的质感差别。最后，还应检查画面，确定画面中心的主要物象勾画得更详细、清楚一些，力求形成前景中对比、中景强对比和背景弱对比的效果。

线稿绘制步骤 1

线稿绘制步骤 2

线稿绘制步骤 3

三、不同上色工具的优缺点对比

　　马克笔使用起来方便快捷，绘制出的画面效果清新，有很强的表现力。彩铅在表现特殊肌理时有独特的效果，利用多种颜色的重叠可使画面变化丰富，能弥补马克笔不善于大面积平涂的缺陷。马克笔与彩铅二者可配合使用。使用水彩上色的效果图水分饱满，画面写意感强。水彩在上色时的缺陷是覆盖力弱，不易修改。每种上色工具都有其优缺点，如配合使用，画面会更具感染力。

水彩上色的效果图

马克笔、彩铅上色的效果图

第五节 本溪老秃顶子国家自然保护局规划案例

本节以本溪老秃顶子国家自然保护局规划中的三角地区域规划设计为例，讲解手绘表现中应注意的问题，重点分析构图与透视。

一、分析场地状况，布置平面图

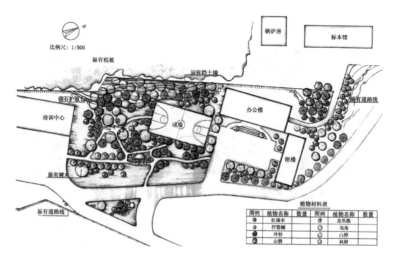

本溪老秃顶子国家自然保护局规划平面图

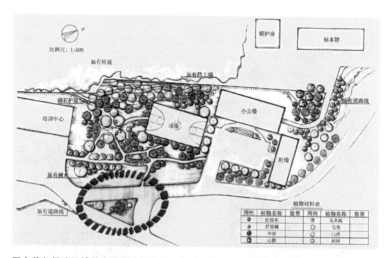

图中蓝色框选区域是本节要分析的项目场地。在设计前期沟通的过程中得知，甲方要求保留现有树木。因此，我们尊重甲方意见，在设计方案中保留了三角地区域中的原有大树，保证了生态的完整性。原有大树位于蓝色框选区域偏左侧的地方。

二、挑选一张适合转绘成效果图的实景照片

在平面图布置完成后，我们拍摄了几张项目场地的实景照片（A、B、C、D），准备从中选择一张最合适的，作为手绘效果图的参考图片。由于地势的原因，A图中人的视线过低，所要设计的场地不能完整地收入画面当中，所以不能选用；B图中画面的主体不明确，近处的几株灌木影响了所要表现的对象，所以也不合适；C图中视点与表现对象距离过远，虽能完整地收纳所要表现的区域，但不能清晰地反映该三角地区域的情况；相对而言，D图表现的主体明确，画面内容也比较全面、具体。

A、B、C、D四幅场地实景照片

具体来讲：第一，D图的空间关系比较明确，近景是要重点表现的三角地区域，中景是道路和建筑，远景由山体和天空构成，近、中、远景将空间拉开，画面有一定的进深感。第二，D图的地平线位于黄金分割线上，地平线将画面分割成两部分，比较符合人的正常视高，使画面更具稳定感和美感。第三，在D图中能够比较清晰地看清道路的走向，有助于观者了解三角地周边的环境。

三、选择适合的透视

选择D图的原因

透视是画面构成的重要保障，手绘表现图中添加的所有内容都应以合理的透视框架为基础，这也是画面能够打动人的前提。那么，同一物体在视距相同而视高不同时，透视效果会有怎样的差异？a图是两点透视，视线高度较低，呈一种仰视效果，所要表现的对象显得比

较高大、庄严。b 图是人的正常视线高度，它能够较真实客观地反映所要表现的对象。c 图是俯视的状态，能看到所要表现物体的三个面，这种视线高度多用于较大场景的表现图中，有利于展示表现对象的全貌和整体效果。

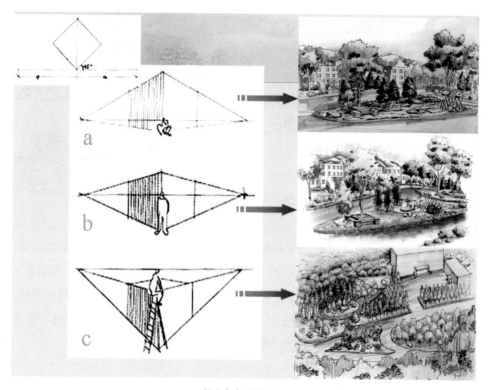

视点高度选择分析

　　a、b、c 三张图是以不同的视线高度绘制的三角地区域的环境效果图，呈现了规划方案中对植物配置、置石摆放与步道铺装的设计。a、b 图由于视线较低，物体之间会有较多遮挡，无法全面地反映出场地状况。所以，在绘制手绘表现图时，将视线有意抬高有助于观者更加全面地了解设计方案的最终效果。图 c 是一张鸟瞰图，它不仅清晰地呈现出了三角地区域的具体设计方案，而且全面地展示了此次规划设计区域的整体面貌。

第八章│Chapter 8
室内环境手绘表现图

第一节　室内单体绘制图

室内单体表现 1

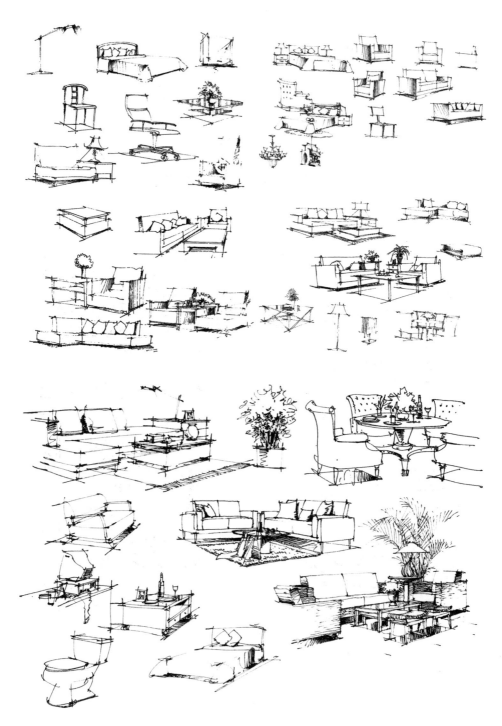

室内单体表现 2

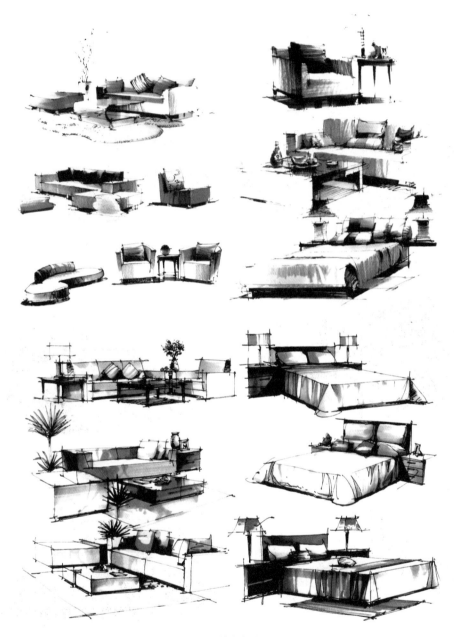

室内单体表现 3

更多室内单体表现图，请扫描二维码观看。

第二节　针管笔、马克笔绘制的室内环境表现图

马克笔表现图

更多室内环境表现图，请扫描二维码观看。

第三节　其他室内环境表现图

室内环境照片转手绘练习

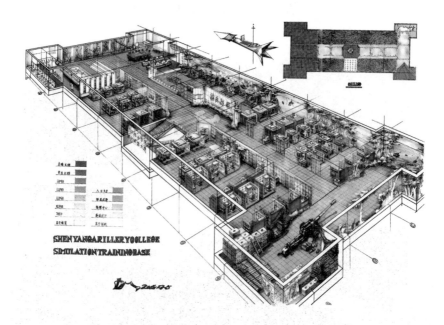

室内场景手绘表现图，邓明老师手绘，保留了一些辅助线，以增添画面效果。

有人物的室内场景表现图，人物大多以背影出现，正面的人物容易吸引观者视线，使其忽略画面的主要表现对象。人物背影既好表现，又能起到烘托画面热闹氛围的作用。通过人物的高度可推测出室内空间的高度，人物是判断高度的有效参照物。

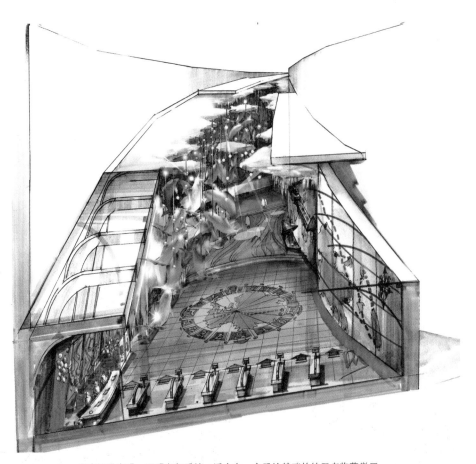

室内场景表现，邓明老师手绘，适合有一定手绘基础的练习者临摹学习。

第九章 | Chapter 9
室外环境手绘表现图

第一节　室外环境设计平面图

　　平面图是室外环境设计图的重要组成部分。空间的整体布局、场地的功能分区、结构、景观节点、功能形式、道路交通等设计要素都可以在平面图上呈现出来。在项目汇报时，甲方可以通过平面图审视功能与形式的关系，发现问题，提出修改意见。因此，设计师应该反复推敲平面图的合理性，认真绘制，突出设计重点。一张好的平面布置图能让观者一目了然环境设计的整体空间关系。

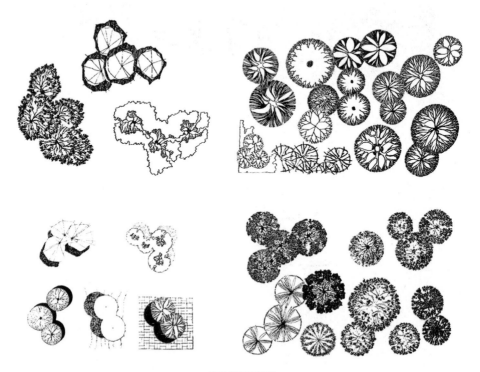

植物平面图线稿

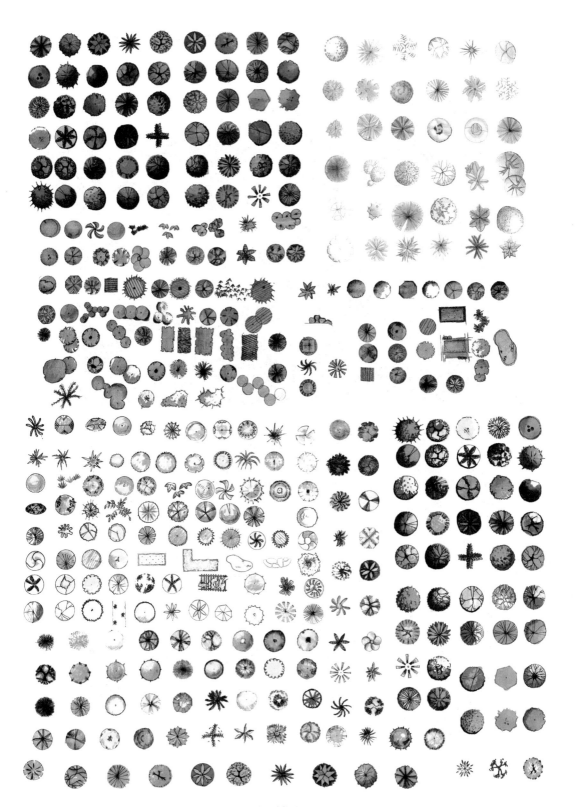

彩色植物平面图

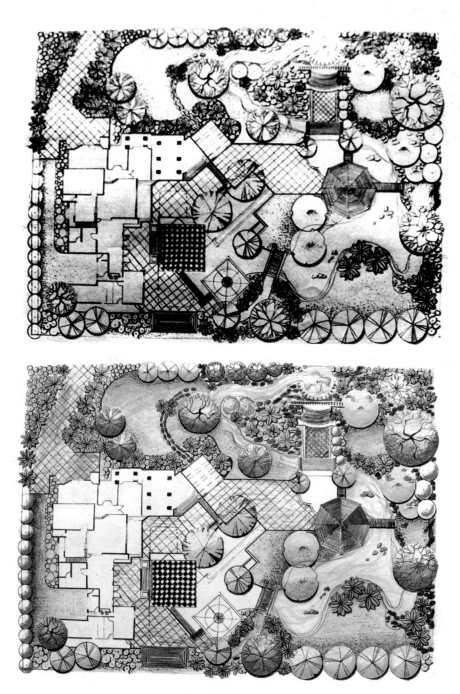

环境元素单体组合平面图 1

环境元素单体组合平面图 2

环境元素单体组合平面图 3

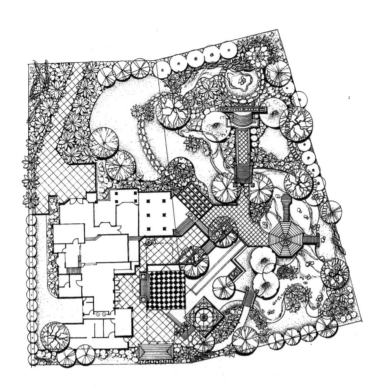

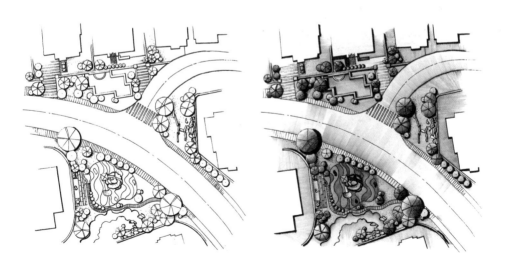

环境元素单体组合平面图 4

第二节　室外环境设计表现图

　　初学者在看到一张很好的环境表现图时，往往会想要临摹，却不知道从何下手，然后就退缩了。这时候最好是找一些优秀的环境表现图线稿临摹，会容易许多。而在那些有一定基础的手绘练习者中，很多人有很好的造型能力，但就是不会上色。这时，可以选择高质量的线稿图，扫描后再放大打印，多打印几张，在打印图上集中练习上色。需注意的是，应选用空间层次关系较好的手绘线稿，练习的效果会更好。

　　园林景观设计的四要素是建筑、植物、山石和水体。这张手绘图四要素齐全，线条流畅，疏密有序。作者使用硬线条表现石头质感，水体留白得当，有清透感，主要以折线形式表现近水边处石头和植物的倒影，植物暗部的线条排列密实且透气。远景建筑的用线相对简略，与繁复的中景线条形成对比。整幅画面空间层次明晰，近、中、远景在表现力度上被区别对待。

这是一张以植物为主的表现图,灌木和乔木组合,常绿乔木和落叶乔木搭配。画面中间偏右的常绿树是一种塔形树,作为远景出现。其表现重点是植物轮廓特征和体积感,不需要做过细致的描绘,仅画出外轮廓线,内部留白即可。近处的路宽,远处的路窄,符合透视原理。创作者使用流畅的线条表现小路,这对于初学手绘的同学来说需要一段时间的练习。开始时,可以借助蛇形尺画线。

小院入口景观,初学者可通过小场景练习环境元素表现。这是一张使用马克笔上色的表现图,植物的色彩饱和度高,与门口两块灰色的大石头和汀步石色调协调,使人感觉强烈光照下小院别有一份宁静。

小亭及周边植物表现图，落叶乔木的体块感虽然很强，但暗部与明部之间的过渡有些突然，所用笔墨偏少。另需注意天空的表现，使用色粉棒营造出蓝天的效果，淡淡的蓝色充实着画面。

对于小鸟瞰图，不用逐一刻画植物，更需注重整体效果。需要以鸟瞰的角度表现较大场景时，可先使用三维电脑软件建模，在模型中打一个摄像机，将摄像机的高度调整到合适的位置，渲染出图，然后将硫酸纸蒙在这张电脑渲染出的效果图上，使用铅笔勾画出每个元素的大体位置和形状，再逐一刻画。

线稿和马克笔着色后的效果图, 远景处的建筑不需要做过于细致的描绘。

原图

学生临摹图1

学生临摹图2——步骤1

学生临摹图2——步骤2

学生临摹图2——步骤3

　　原图是邓明老师的作品，是一张手绘工具和手写板配合使用绘制的表现效果图。学生临摹图 1 和学生临摹图 2 是两位同学对该图的临摹。

原图：素描纸、针管笔、水彩颜料、马克笔、电脑后期表现天空

学生临摹图：打印纸、针管笔

仿古建筑入口处设计，原图是邓明老师的手绘作品，学生临摹图是一位同学的临摹作品。临摹图中建筑的大体感觉还可以，但细节处理不够理想。在做临摹练习时，应尽量画得与原图一模一样。

更多室外环境表现图，请扫描二维码观看。

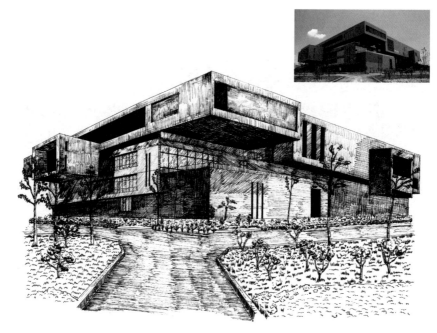

南京工程学院逸夫图书馆实景照片转手绘

实景照片转手绘 1

更多室外环境表现
图，请扫描二维码
观看。

实景照片转手绘 2

第十章 | Chapter 10

用 Photoshop 电脑软件后期处理手绘表现图的具体方法

本章以辽宁省交通高等专科学校图书馆的手绘表现图为例，通过步骤截图讲解使用 Photoshop 电脑软件进行后期处理的几个常用方法。

1.辽宁省交通高等专科学校图书馆实景照片

2.辽宁省交通高等专科学校图书馆手绘图原图

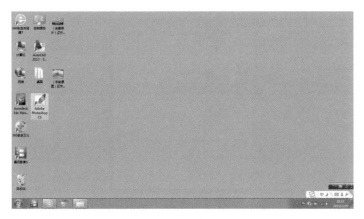

3. 左键双击图标打开 Adobe Photoshop CS 软件。

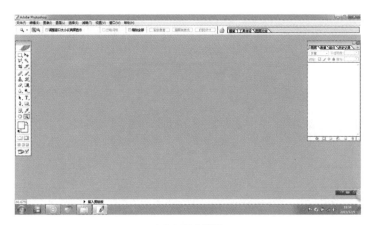

4. 打开后的界面

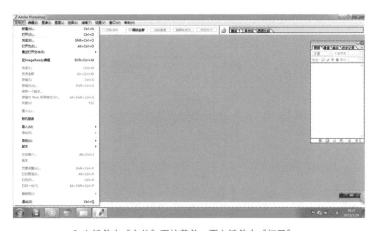

5. 左键单击"文件"下拉菜单，再左键单击"打开"。

6. 左键单击需要处理的文件，再左键单击"打开"按钮。

7. 文件已打开。

8. 左键双击界面右侧"图层"下方的小锁头，将"指示图层部分锁定"解锁。

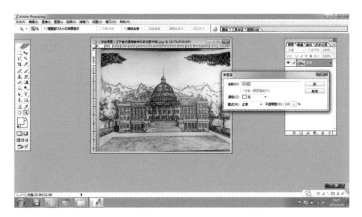

9. 弹出 "新图层" 对话框, 左键单击按钮 "好", 此时图层已被解锁, 名称默认为 "图层 0"。

10. 选择 "裁切工具"。

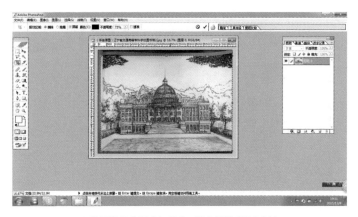

11. 按下鼠标左键裁切图片, 满意后按 "回车" 键。

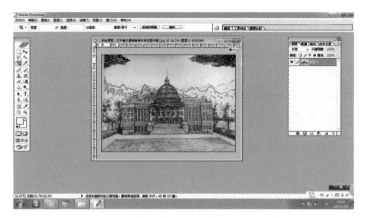

12. 左键单击"最大化"按钮。

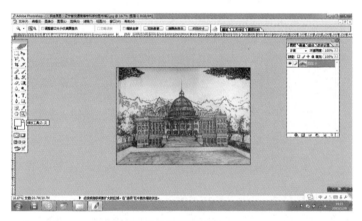

13. 选择"缩放工具"。

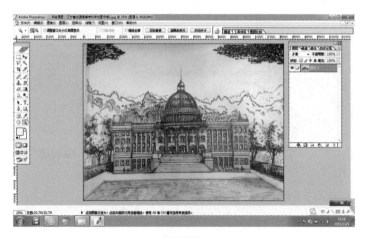

14. 将图片放大。

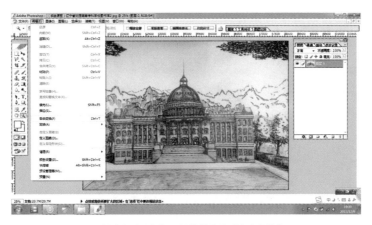

15. 左键单击〝编辑〞下拉菜单中的〝自由变换〞。

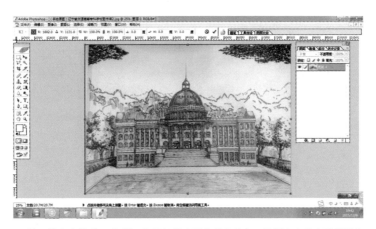

16. 按下键盘上的〝Ctrl〞键，把鼠标放在图片的左上角，将原来有些变形的图片调整为正长方形。

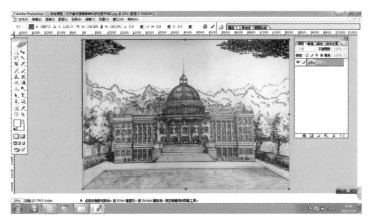

17. 此处只需做轻微调整，要保证画面左侧的乔木完整。

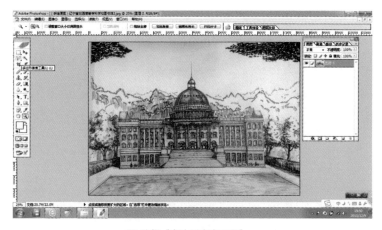

18. 选择"多边形套索工具"。

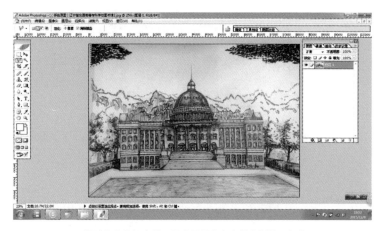

19. 通过点击鼠标左键,框选画纸左上角挂角树的一部分。

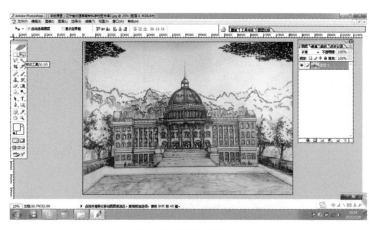

20. 选择"移动工具"。

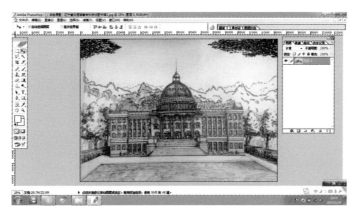

21. 同时按下键盘"Ctrl"键和"Alt"键，再按下鼠标左键，将框选部分从右向左拖动，画面左上角填补完枝叶后，按下"Ctrl+D"，取消选区。

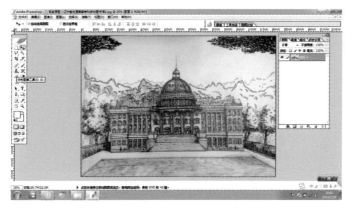

22. 选择"仿制图章工具"。

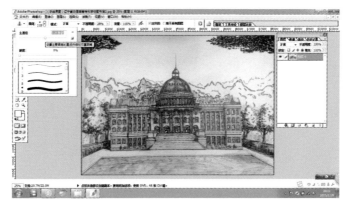

23. 更改"主直径"的大小，即更改仿制图章的大小。

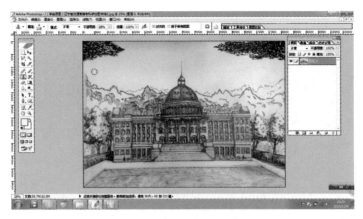

24. "仿制图章"与键盘上的"Alt"键配合使用，修整手绘图左上角的树叶边缘。

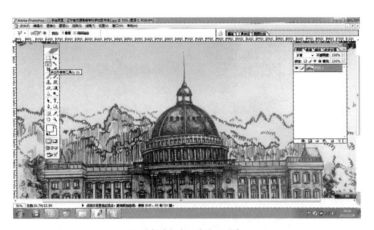

25. 选择"多边形套索工具"。

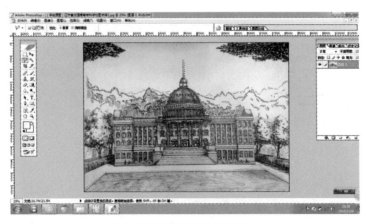

26. 单击左键框选建筑的尖顶部分。

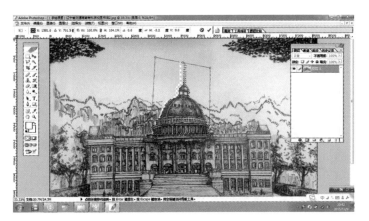

27. 左键单击＂编辑＂下拉菜单中的＂自由变换＂，按下＂Ctrl＂键的同时按下鼠标左键，调整建筑尖顶，直至对称，＂回车＂键确认后，按下＂Ctrl+D＂取消选区。

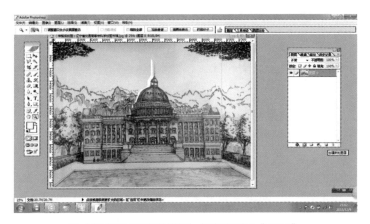

28. 左键单击＂创建新的图层＂，新建图层名为＂图层 1＂。

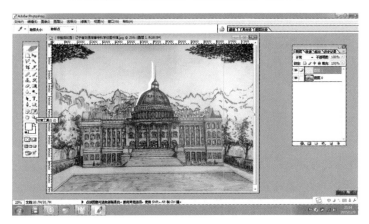

29. 选择＂吸管工具＂。

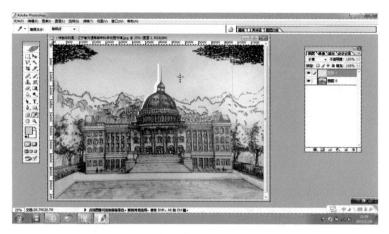

30. 此时鼠标变成吸管模样，左键单击背景区域的灰色。

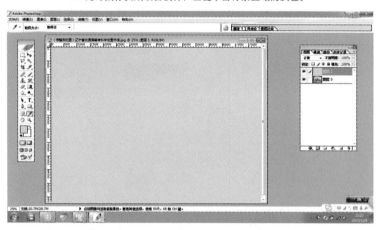

31. 按下"Alt+Delete"键，新图层被填充为背景的灰色。

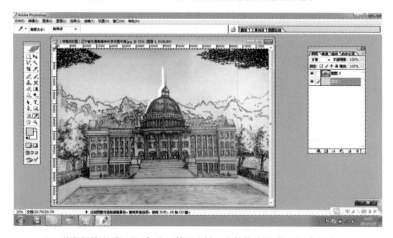

32. 将鼠标放在"图层1"上，按下左键，将其拖动到"图层0"下方。

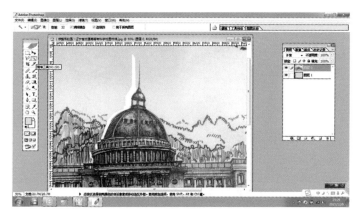

33. 左键单击"图层 0"，回到"图层 0"图层，选择"魔棒工具"。

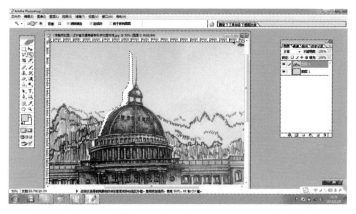

34. 左键单击建筑尖部左侧的白色区域，选中后，删除白色区域，其他的白色区域也以此方法删除。

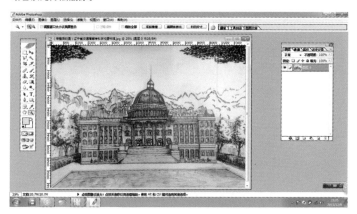

35. 按下"Ctrl+E"合并图层。

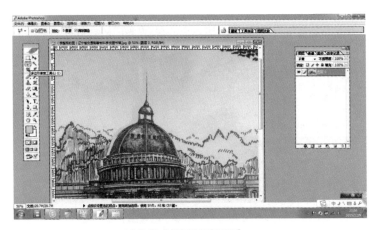

36. 选择"多边形套索工具"。

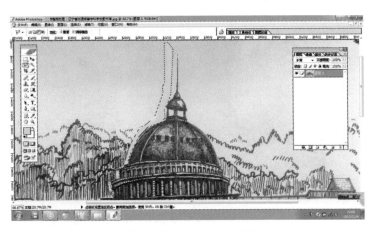

37. 单击左键框选"纯灰色"区域。

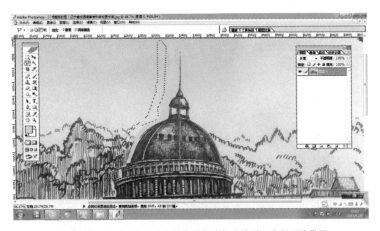

38. 使用键盘上的"向左移动"箭头将框选部分移到图中所示的位置。

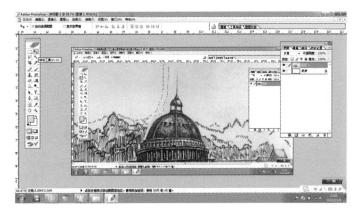

39. 选择〝移动工具〞。

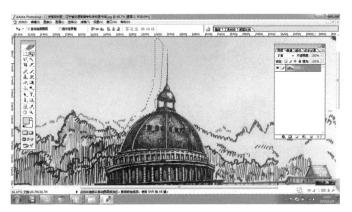

40. 同时按下键盘上的〝Ctrl〞键和〝Alt〞键，并按着鼠标左键从左向右拖动，建筑尖顶左侧的〝纯灰色〞区域被填补完整，满意后按〝Ctrl+D〞取消选区，结束命令。

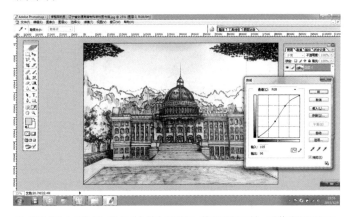

41. 按下〝Ctrl+M〞键，弹出〝曲线〞对话框，按下鼠标左键，调整成如图所示，使效果图的背景变亮，建筑颜色加深。调整后的结果是亮部更亮，暗部更暗，画面对比更明显。

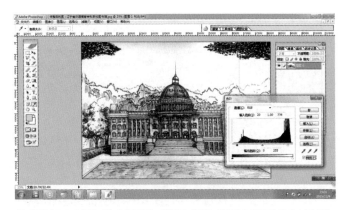

42. 按下"Ctrl+L"键，弹出"色阶"对话框，调整对话框中最下方的"小三角"，加强明暗对比。

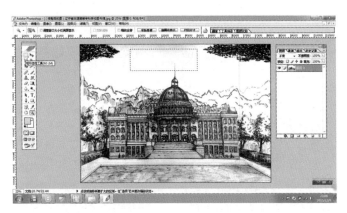

43. 选择"矩形选框工具"，框选画面中的天空部分。

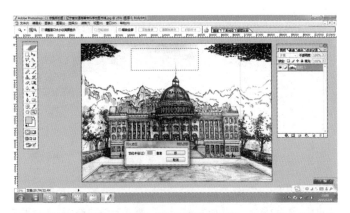

44. 按下"Alt+Ctrl+D"键，弹出"羽化选区"对话框，将"羽化半径"的数值调整为"100"，再左键单击"好"按钮。羽化的目的是让选区的边缘柔化，在调整此区域的明度后，边缘自然过渡而不生硬。

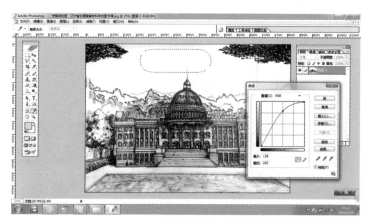

45. 按下〝Ctrl+M〞键，弹出曲线对话框，调整此天空区域的明度。

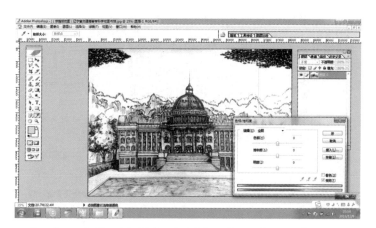

46. 按下〝Ctrl+U〞键，弹出〝色相、饱和度〞对话框，调整画面的整体色彩倾向。

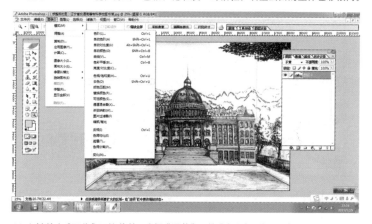

47. 左键单击〝图像〞下拉菜单，选择〝调整〞下的〝去色〞，使画面颜色变为黑白色。

48. 修整后的图

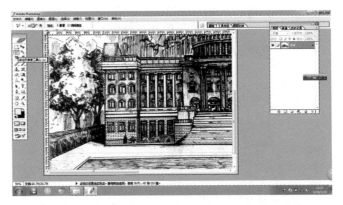

49. 选择"多边形套索工具"，通过点击关键点选择的方式选中建筑左侧的乔木和灌木。

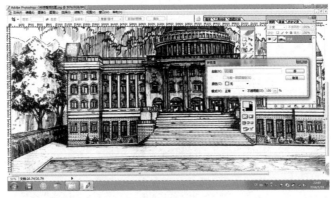

50. 左键双击"图层"下方的小锁头，弹出"新图层"对话框，左键单击"好"按钮，此时该图层解锁成功，可对其进行修改。

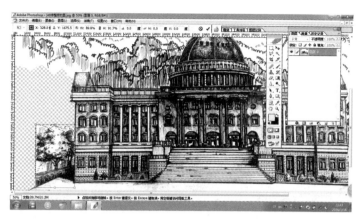

51. 按下"Ctrl+T"键，调整乔木和灌木选区的面积，使它变低矮，与建筑的高度相配，按"回车"键确认，按下"Ctrl+D"键取消选区。

52. 调整左侧的远山和挂角树的大小（右侧景物调整同左侧）。

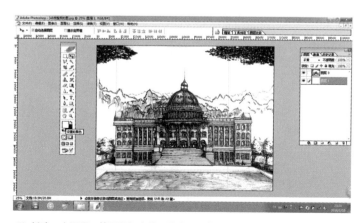

53. 新建一个图层，按下鼠标左键，将此图层拉到最底层，设置前景色为白色。

54. 处理后的辽宁省交通高等专科学校图书馆手绘效果图

A 附录
Appendix

一、植物枝干、根茎和叶的手绘表现

乔木:有明显主干

灌木:无明显主干

呈上升趋势的植物枝干

匍匐状态的植物枝干

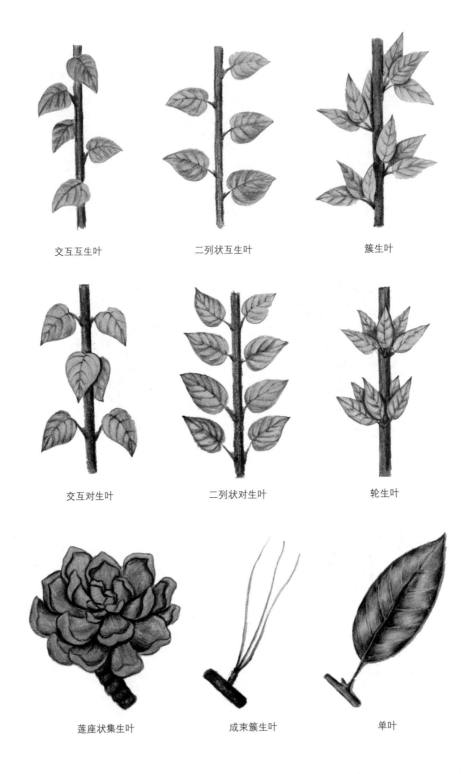

交互互生叶   二列状互生叶   簇生叶

交互对生叶   二列状对生叶   轮生叶

莲座状集生叶   成束簇生叶   单叶

掌状复叶　　　　　奇数羽状复叶　　　　　偶数羽状复叶

二回偶数羽状复叶　　　　　三回奇数羽状复叶

更多根茎手绘表现图，请扫描二维码观看。

二、花和水生植物

郁金香

玫瑰

鸢尾花

夏堇

须苞石竹

向日葵

葡萄风信子

仙人掌

葱地笑

鹿葱

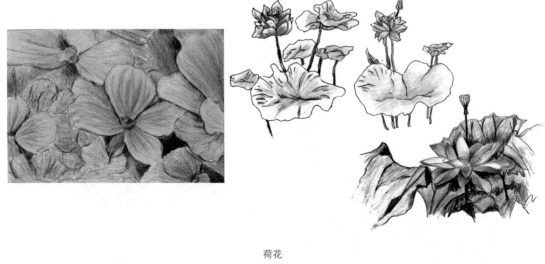

荷花

睡莲

 更多手绘花卉，请扫描二维码观看。

三、其他手绘植物

山茶

常用别名曼陀罗树、耐冬、山茶花。

四季常青,叶色浓绿,属常绿灌木或小乔木,高度6—9米,单叶互生,叶片呈卵圆形或椭圆形,边缘有细锯齿。

花色艳丽,花瓣颜色丰富,原种仅为红色。花期在 2—4 月份,喜半阴,忌烈日;喜温暖气候,略耐寒;喜空气湿度大,忌干燥;喜肥沃、疏松的微酸土壤,在北方常做盆栽。

桂花

又名岩桂，其品种有金桂、银桂、丹桂、月桂等。

常绿灌木或小乔木，质坚皮薄，高3—15米，枝灰色。叶端尖，对生，革质，长椭圆形，长6—12厘米，宽2—4.5厘米，全缘，经冬不凋。核果椭圆形，熟时紫黑色。

花簇淡黄白色，4裂。花生叶腋间，花冠合瓣四裂，形小。

桂花深受中国人的喜爱，是中国传统十大花卉之一。花开陈香扑鼻，令人神清气爽，是三大芳香树之一。以桂花为原料制作的桂花茶是中国的特产，桂花味辛，还可入药。

天目琼花

　　落叶灌木，高度 2—4 米。树皮深纵裂，当年小枝有棱，无毛，有明显凸起的皮孔。叶形广卵形至卵圆形，常 3 裂，叶片边缘有锯齿，呈不整齐状。

　　聚散花序复伞形，花开似雪，花期 5—6 月。果球形，红色，果期 9—10 月。春观花，秋观果。

　　原产于浙江的天目山地区，分布在我国东北南部、华北至长江流域。耐寒、喜光又耐阴，可种于建筑背面。对土壤要求不高，根系发达，移植后易成活。

珍珠梅

　　落叶阔叶灌木，茎丛生，高 2—3 米，枝条伸展，小枝圆柱形，幼时绿色，老时红褐色。奇数羽状复叶，具小叶片 13—21 枚，对生，披针形，叶片边缘有尖锐重锯齿。

　　圆锥花序顶生，大而密集，花白色如珍珠，花期 6—7 月，在炎热的夏季可增添凉爽之感。蓇葖果长圆柱形，果期 9—10 月。

　　原产于河北、甘肃、山东、山西、内蒙古、江苏等地。喜阳光，并具有很强的耐阴性，耐寒、耐湿又耐旱，可种于建筑背面。

　　对土壤要求不高，在一般土壤中可正常生长，而在排水良好的砂质壤土中长势更好。生长较快，耐修剪。我国东北地区常栽培东北珍珠梅，花期比珍珠梅晚。

红花檵木

　　别名红花继木。常绿或半常绿灌木或小乔木，高4—10米。树皮暗灰或浅灰褐色，多分枝。嫩枝红褐色。嫩叶和花萼均披锈色星状毛。叶小，革质，互生，卵圆或椭圆形，长2—5厘米，先端短尖，基部圆而偏斜，暗紫色。蒴果褐色，近卵形。花淡紫红色，花期4—5月，果期8—9月。

　　主要分布于长江中下游及以南地区，日本和印度也有分布。适应性较强，稍耐半阴，耐旱，耐瘠薄。因萌芽力强，耐修剪，在园林中常片植作为彩叶篱，是优良的常绿异色叶树种。

红叶李

别名紫叶李。

落叶小乔木，高可达 8 米，原产于亚洲西南部，中国华北及其以南地区广为种植。孤植、群植皆宜，能衬托背景，是著名的观叶树种。

幼枝紫红色，嫩叶鲜红，老叶紫红色。终年均可观叶，尤以春、秋二季叶色更艳，紫色发亮的叶子在绿叶丛中像永不败的花朵，在青山绿水中形成一道靓丽的风景线。

花期在 3—4 月，果常早落。喜温暖湿润，耐寒，不耐干旱。

紫花泡桐

　　落叶乔木，生长快速，高度可达 27 米。树皮褐灰色、平滑、有突起的皮孔，老时纵裂。树冠宽阔，小枝粗壮、中空，幼时密生白色绒毛，后渐脱落。

　　单叶对生，有时三叶轮生；叶大，卵形或长椭圆形，基部心脏形；叶背密生灰白色绒毛，分泌一种黏性物质，能吸附烟尘及有毒气体，是城镇绿化及建造防护林的优良树种。

　　树大荫浓，先叶而开放的花朵色彩淡雅。大型圆锥状聚伞花序，有香气。花期在 3—4 月。蒴果卵形，果期在 9—10 月。

　　喜光，不耐阴，耐寒，耐旱，耐盐碱，耐风沙，对气候的适应范围很大。喜疏松深厚、排水良好的土壤，不耐水涝。

银杏

落叶大乔木，裸子植物，寿命长，中国有3000年以上的古银杏树，被称为"活化石"。

胸径可达4米，幼树树皮近平滑，浅灰色。大树树皮灰褐色，不规则纵裂，粗糙，有长枝与生长缓慢的短枝。

幼年和壮年树冠圆锥形，老树树冠广卵形。枝近轮生，斜上伸展，雌株的大枝常较雄株更伸展。一年生的长枝淡褐黄色，二年生以上变为灰色，并有细纵裂纹。短枝密披叶痕，黑灰色，短枝上也可长出长枝。

叶互生，在长枝上辐射状散生，在短枝上3—5枚簇生，有细长的叶柄，扇形，两面淡绿色，无毛，多数有叉状并列细脉。秋季变为金黄色，10月下旬至11月落叶。

种子具长梗，下垂，近圆球形，径为2厘米，假种皮骨质，白色，内种皮膜质。银杏的种子称为白果，可以食用，是中国和日本的传统食物，且有药用价值。

樱花

　　落叶乔木，品种超 300 种，野生樱花约 150 种，中国有 50 多种。全世界约 40 种樱花类植物野生种祖先中，原产于中国的有 33 种，其他则是园艺杂交所衍生的品种。据考证，秦汉时期樱花已在中国宫苑内栽培。唐朝时，樱花已普遍种植在私家庭院。樱花的栽培在日本也已有 1000 多年的历史，被称为日本国花。

　　花白色或淡红色，分单瓣和复瓣两类，单瓣类能开花结果，复瓣类多半不结果。每年 3 月下旬至 4 月上旬开花。樱花象征纯洁、高尚，花期短，落花优美，反映了物哀美学观，是早春开花的著名观赏花木。

　　喜光，对土壤的要求不高，在深厚肥沃的砂质土壤中生长最好，有一定耐寒和耐旱力，但对烟及风抗力弱。根系浅，忌积水低洼地。

黄栌

我国重要的观赏红叶树种，秋季昼夜温差大于 10℃ 时，叶色变红，鲜艳夺目，著名的北京香山红叶就是此树种。

落叶小乔木或灌木，树冠圆形，高 3—5 米。叶背、沿脉上和叶柄密坡柔毛，单叶互生，叶柄细，叶倒卵形或卵圆形。圆锥花序疏松、顶生，花小、杂性，仅少数发育。不育花的花梗花后伸长，呈粉红色羽毛状，在枝头形成似云似雾的景观效果。

喜光，也耐半阴，耐寒，耐干旱瘠薄和碱性土壤，不耐水湿，宜植于土层深厚肥沃、排水良好的砂质土壤中。生长快，根系发达，萌蘖性强。对二氧化硫有较强抗性。

枫树

　　落叶乔木，叶子掌状，秋季变为黄色或橙红色。枫树可作为木材用于建筑和乐器、雕塑等的制作，也可以作为观赏植物种植。

金银木

又名金银忍冬，落叶灌木。幼枝、叶两面脉上、叶柄、苞片外面有短柔毛。

叶纸质，形状变化较大，通常为卵状椭圆形至卵状披针形，稀矩圆状披针形或倒卵状矩圆形，更少菱状矩圆形或圆卵形，长5—8厘米，顶端渐尖或长渐尖。

果实暗红色，圆形，直径5—6毫米。花期在5—6月，果熟期在8—10月。茎皮可制人造棉，花可提取芳香油，种子榨成的油可制肥皂。

性喜强光，每天接受日光直射不宜少于4小时，稍耐旱，但在微潮偏干的环境中生长良好。

在中国北方绝大多数地区可露地越冬，黑龙江、吉林、辽宁三省的东部均有分布。

悬铃木

落叶大乔木,树干高大,可达35米。枝条开展,树冠广阔,呈长椭圆形,生长迅速,易成活,耐修剪。作为行道绿化树种广泛栽植,也为速生材树种。

树皮灰绿或灰白色,不规则片状剥落,剥落后呈粉绿色,光滑。叶3—5掌状分裂,边缘有不规则尖齿和波状齿。球果下垂,通常2球一串。9—10月果熟,坚果基部有长毛。

喜光,喜湿润温暖气候,较耐寒。适生于微酸性或中性、排水良好的土壤,在微碱性土壤中虽能生长,但易发生黄化。根系分布较浅,台风时易受害而倒斜。对二氧化硫、氯气等有毒气体有较强的抗性;抗空气污染能力较强,叶片具吸收有毒气体和滞积灰尘的作用。

主要生长于中亚热带地区。中国引入栽培的有三种,分别是一球悬铃木,俗称美国梧桐或美桐;二球悬铃木,俗称英国梧桐或英桐;三球悬铃木,原产于欧洲东南部、印度一带,俗称法国梧桐或法桐。中国目前普遍种植的是杂种英桐。

垂叶榕

常绿乔木，高可达 20 米，胸径 30—60 厘米，树冠广阔。树皮呈灰色，平滑。小枝下垂。叶薄革质，卵形至卵状椭圆形。

对光线要求不太严格，生长发育的适宜温度为 23—32℃，耐寒性较强，可耐短暂低温。喜光，喜高温多湿气候，适应性强，抗风，耐贫瘠，不耐干旱。

对土质要求不高，但喜肥沃和排水良好。耐强度修剪，可做各种造型，移植易活。

雪松　　　　　　　　　　　　　香樟

白蜡　　　　　　　　　　　　　阴香

钻天杨　　　　　　　　　　　　栾树

连翘

迎春

高山榕

白三叶

黑松

白皮松

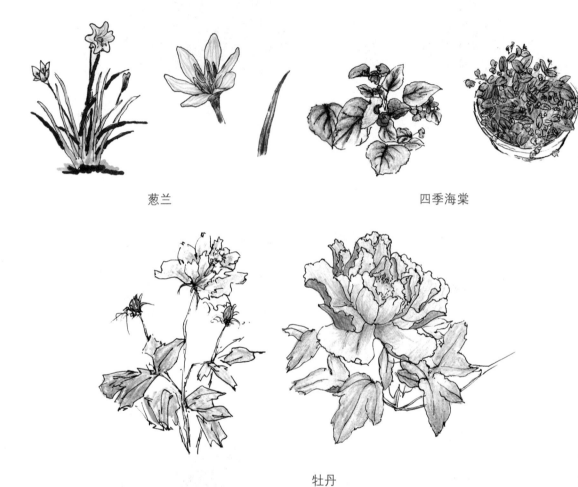

葱兰　　　　　　　　　四季海棠

牡丹

红花酢浆草

美人蕉

更多手绘植物，请扫描二维码观看。

P后记
ostscript

　　手绘环境表现图需要设计师在掌握相关专业知识并具有一定绘图能力的基础上，通过对线条、色彩和空间的认知，将自己对场景的感受尽量完整地传达给观者。

　　学习手绘环境表现图需要浓厚的兴趣、良好的心态、高度的热情和明确的目标。不必一定要去争当第一名，但要虚心向有经验者学习，并勤加练习。初学者应保持平和的心态，使自己的手绘技能在练习中稳步提高。

　　学习手绘是一个长期的过程，需要持久的热情。一个学习气氛积极的环境有助于大家将练习坚持下去。可以几个同学相约一起练习，也可参加学校的手绘社团，或者加入一个学习手绘的QQ群。学习手绘需要日复一日的努力，有共同目标的同伴在一起互相督促、共同进步，会比自己单枪匹马地练习效果更好。

　　无论如何，先明确自己的练习目标，然后朝着它努力，就算最后没有达到预期，也会有所收获。我坚信，过程比结果更重要！

"博雅大学堂·设计学专业规划教材"架构

为促进设计学科教学的繁荣和发展，北京大学出版社特邀请东南大学艺术学院凌继尧教授主编一套"博雅大学堂·设计学专业规划教材"，涵括基础/共同课、视觉传达设计、环境艺术设计、工业设计/产品设计、动漫设计/多媒体设计五个设计专业。每本书均邀请设计领域的一流专家、学者或有教学特色的中青年骨干教师撰写，深入浅出，注重实用性，并配有相关的教学课件，希望能借此推动设计教学的发展，方便相关院校老师的教学。

1. 基础/共同课系列

设计概论、中国设计史、西方设计史、设计基础、设计素描、设计色彩、设计思维、设计表达、设计管理、设计鉴赏、设计心理学

2. 视觉传达设计系列

平面设计概论、图形创意、摄影基础、写生、字体设计、版式设计、图形设计、标志设计、VI设计、品牌设计、包装设计、广告设计、书籍装帧设计、招贴设计、手绘插图设计

3. 环境艺术设计系列

环境艺术设计概论、城市规划设计、景观设计、公共艺术设计、展示设计、室内设计、居室空间设计、商业空间设计、办公空间设计、照明设计、建筑设计初步、建筑设计、建筑图的表达与绘制、环境手绘图表现技法、效果图表现技法、装饰材料与构造、材料与施工、人体工程学

4. 工业设计/产品设计系列

工业设计概论、工业设计原理、工业设计史、工业设计工程学、工业设计制图、产品设计、产品设计创意表达、产品设计程序与方法、产品形态设计、产品模型制作、产品设计手绘表现技法、产品设计材料与工艺、用户体验设计、家具设计、人机工程学

5. 动漫设计/多媒体设计系列

动漫概论、二维动画基础、三维动画基础、动漫技法、动漫运动规律、动漫剧本创作、动漫动作设计、动漫造型设计、动漫场景设计、影视特效、影视后期合成、网页设计、信息设计、互动设计

<h1 style="text-align:center">《环境艺术设计手绘表现》教学课件申请表</h1>

尊敬的老师，您好！

　　我们制作了与《环境艺术设计手绘表现》配套使用的教学课件，以方便您的教学。在您确认将本书作为指定教材后，请您填好以下表格（可复印），并盖上系办公室的公章，回寄给我们，或者给我们的教师服务邮箱 907067241@qq.com 写信，我们将向您发送电子版的申请表，填写完整后发送回教师服务邮箱，之后我们将免费向您提供该书的教学课件。我们愿以真诚的服务回报您对北京大学出版社的关心和支持！

您的姓名		您所在的院系	
您所讲授的课程名称			
每学期学生人数	_____ 人 　　　_____ 年级 　　　_____ 学时		
课程的类型（请在相应方框上画"✓"）	☐ 全校公选课　　☐ 院系专业必修课 ☐ 其他 _____		
您目前采用的教材	作者 _____　　书名 _____ 出版社 _____		
您准备何时采用此书授课			
您的联系地址和邮编			
您的电话（必填）			
E—mail（必填）			
目前主要教学专业			
科研方向（必填）			
您对本书的建议			系办公室 盖　章

我们的联系方式：
北京市海淀区成府路 205 号北京大学文史哲事业部　艺术组
邮编：100871　电话：010—62755217　传真：010—62556201
教师服务邮箱：907067241@qq.com　QQ 群号：230698517
网址：http://www.pupbook.com